Ralf Domrös

Die Reise zum Mittelpunkt des Geldes

Der souveräne Weg zu gesunden Finanzen

Die Deutsche Nationalbibliothek verzeichnet diese Publikation in der Deutschen Nationalbibliografie; über https://portal.dnb.de/ können detaillierte bibliografische Daten abgerufen werden.

Aktualisierungen und Zusatzmaterial auf ralfdomroes.com

Herstellung: BOD GmbH, Norderstedt (bod.de)
Umschlaggestaltung: Roman Bittner (apfelzet.de)
Foto Umschlagklappe: Laura Loewel (lauraloewel.com)
1. Auflage Februar 2019
ISBN 978-3-934378-53-7

Inhaltsverzeichnis

Vorwort

Selten gelingt es, zwei Fliegen mit einer Klappe zu schlagen. Doch diesem Buch ist das Kunststück gelungen! Es ist ein Buch über Geld – und zugleich eines über den Sinn unseres Lebens. Beide Aspekte sind eng miteinander verzahnt – viel enger, als man vermutet! Entweder wir sind gierig nach Geld, richten unser ganzes Handeln nach den erzielbaren Einkünften aus. Oder wir sind nachlässig, schauen bei den eigenen Finanzen nicht so genau hin. Entweder sind wir ängstlich bei wichtigen Entscheidungen, wagen lieber nichts. Oder wir handeln unvorbereitet – vielleicht sogar blauäugig. Ich finde: Es fehlt ein innerer Ausgleich.

Das Buch schlägt für mich genau in diese Kerbe. Und es tut dies ohne die üblichen „Tipps und Tricks" (nach dem Motto: „Reich in fünf Tagen"). Der Autor macht klar: Wer sich ernsthaft mit dem Thema Geld beschäftigt, muss sich auch mit sich selbst beschäftigen. Wir suchen den Gral des Geldes immer draußen. Aber er liegt vor allen Dingen in uns selbst. Geld ist immer auch ein Spiegel – ein bedeutender Impulsgeber für die eigene Entwicklung. Es braucht dieses Buch! Es strahlt für mich eine enorme Kraft aus. Es hat Klarheit und Tiefgang. Warum handeln wir als Menschen, wie wir handeln? Und welche Möglichkeit gibt es, das auf Dauer zu verändern? Meine aufrichtige Anerkennung!

Hermann Scherer, Mastershausen im Januar 2019

Intro

Würdest Du wirklich jeden Tag zur Arbeit gehen, wenn es nicht darum ginge, Geld zu verdienen?

Was würdest Du tun, wenn dies nicht mehr nötig wäre? Würdest Du das Gleiche tun, also jeden Morgen aufstehen für das, was Du jetzt tust?

Jeden Tag sind wir, in unseren westlichen Kulturen, von Geld umgeben. Und manchmal rinnt es uns buchstäblich durch die Finger.

Morgens, wenn wir die Zeitung aufschlagen, geht es in jedem zweiten Artikel irgendwie um Geld – und meist fehlt dieses. Es ist egal, in welcher Situation Du gerade lebst: ob Du …

… über Geld verfügst oder nicht,
… viel Geld verdienst oder nicht,
… geerbt hast oder nicht,
… Geld magst oder es Dir völlig egal ist:

Geld durchsetzt doch jeden Winkel dieser heutigen Welt. Es ist fast wie ein Schmierstoff, wie eine Art Motoröl, das in jede einzelne Ritze unseres täglichen Lebens dringt.

Manche sagen sogar: Geld regiert die Welt. Und sie fühlen sich ohnmächtig gegenüber dem Geld – vielleicht sogar als Opfer.

Andere, auch wenn sie viel Geld haben, sehen sich genauso als Opfer. Sie haben zwar ein gefulltes Konto, aber sie spüren, dass ihr Geld laufend an Wert verliert. Sie fühlen sich hilflos, wenn ihr Geld nicht mehr so angelegt werden kann, dass es sichere Einkünfte verspricht.

Wir nehmen Geld wahr, als würde es außerhalb von uns existieren. Als hätten wir letztlich gar keinen Einfluss darauf. So gesehen könnte man sagen: „Geld regiert die Welt."

Doch birgt dieser Satz in sich eine Gefahr. Wenn wir ihn glauben, geben wir die Verantwortung ab. Nach dem Motto: „Man kann eh nichts tun." Und ja: Dann hätte Geld alle Macht der Welt. Wir richteten unser Streben ganz nach dem Gelde aus.

Doch kein Geld existiert einfach aus sich selbst heraus. Wie sollte es auch? Wir Menschen erschaffen Geld. Ohne uns würde es nicht existieren. Daher kann der Satz so nicht stimmen.

Fragen wir daher lieber umgekehrt: Welche Welt regiert unser Geld? Was genau ist das für eine „Welt"? Denn wenn unsere Entscheidungen, basierend auf unseren Gedanken und Gefühlen, diese äußere Welt zu dem formen, was sie heute ist, so könnte man sagen: Unsere Innenwelt formt die Außenwelt.

Es ist uns dabei im Alltag meist nicht bewusst, welch große Wirkung unsere innere Haltung hat: auf unser Leben und unsere Situation mit Geld. Unsere Veränderungswünsche scheitern oft, weil wir gleich etwas im Außen tun wollen – ohne dabei unsere Haltung verändert zu haben.

Doch wie können wir praktisch auf unsere Innenwelt Einfluss nehmen? Wie können wir unsere Situation verändern? Welche Kraft müsste dem zugrunde liegen?

*

Diese Kraft hat mit uns selbst zu tun. Mit dem, wer wir wirklich sind. Mit dem, um was es wirklich geht in diesem Leben. Sie liegt unterhalb der Oberfläche der Dinge und bleibt dem gewöhnlichen Auge verborgen.

Damit Du wieder über diese Kraft verfügst, die auch das Geld regiert, musst Du sie neu entdecken, sie trainieren und anwenden. Die Inhalte dieses Buches werden Dir dabei helfen. Dieses Buch beschreibt einen Neuanfang beim Geld.

Der Schlüssel zu einem neuen, tieferen Verständnis von Geld liegt in einem tieferen Verständnis von uns selbst. Es ist der Schlüssel zu gesunden Finanzen bei Dir und anderswo. Und es geht um eine Umkehr: dass das Geld Dir folgt und nicht Du dem Geld hinterherläufst …

*

ÜBUNG Erklärung

Die Wirkung des Buches kannst Du erhöhen, wenn Du nicht nur den Text liest, sondern Dir auch die Zeit für Übungen nimmst. Längere Übungen sind im Anhang aufgeführt: entweder als Text oder als Audio-Datei (QR-Code als Link).

Das Wesen des Geldes

Was ist Geld für Dich?

Geld scheint heute allgegenwärtig. Ein Leben ohne Geld ist praktisch kaum noch vorstellbar.

Doch was ist dieses Geld genau?

Und woraus exakt besteht es?

Spontan würden wir vielleicht denken, dass Geld das ist, was wir im Portemonnaie haben, in Form von Scheinen und Münzen. Was wir ausgeben, um uns etwas davon zu kaufen.

Es könnte also die Idee bestehen: Geld ist etwas Manifestes, Substanzielles, physisch „Reales“ – d.h. feste Materie, die wir gegen ein Produkt eintauschen: ein Geldschein (oder ein paar Münzen) gegen ein Brot.

Aber dann denken wir an unser Bankkonto.

Die Frage ist: Ist das Geld, das „dort“ vorhanden ist, „substanziell?“

Nun, wenn die Summe auf dem Konto ganz erheblich ist, würde man vielleicht sagen: Das ist wirklich substanziell!

Wenn „substanziell“ aber etwas „Anfassbares“ meint, also beispielsweise einen chemischen Stoff oder einen Alltagsgegenstand, dann ist es leicht überprüfbar: Sobald ich einen Kontoauszug mache, z.B. vom Girokonto, halte ich ein Blatt Papier in der Hand. Darauf steht eine Summe Geld.

Das ist „anfassbar“, also substanziell – oder hat Substanz. Ich kann sagen: Das Papier in meiner Hand ist eine Substanz. Ich kann es berühren, falten, rollen usw. Ich kann draufschauen. Ich sehe die Zahlen, die Ziffern. Aber das Papier, das ich in der Hand halte, ist ja nicht das Zahlungsmittel. Es ist ja nicht das Geld selbst. Ich kann damit nicht bezahlen. Es gibt nur die Information, dass Geld „auf einem Konto“ vorhanden ist.

Ich muss mich also fragen, was ist es, was vorhanden ist. Hat das denn „Substanz“?

Ist dieses Geld, das ich auf dem Konto habe, physisch – z.B. in Form von Scheinen, Münzen oder Gold – irgendwo hinterlegt, etwa in einem Tresor der Bank? Dann wäre es substanziell!

Um diese Frage zu beantworten, müssten wir alle unser Geld an einem Tag abheben – und am nächsten wieder einzahlen. Würde das gehen?

Dieses Vorgehen wäre für alle sehr aufwendig. Es ist einfacher zu rechnen:

- Wie viel täglich verfügbares Geld „liegt“ auf allen Konten im Euroraum?
- Wie viel Bargeld, also Euro-Scheine und -Münzen, gibt es (sogenannter Bargeldumlauf)?

Auf den Konten im Euroraum „lagen“ 2015 gut 4.800 Milliarden Euro[i]. Der Bargeldumlauf dagegen betrug nur 957 Milliarden. Daraus folgt: Insgesamt existierte wesentlich mehr Buchgeld als Bargeld: im Euroraum rund fünfmal so viel.

Und nur einen Teil dieser 957 Milliarden Euro Bargeld haben die Bankfilialen in Form von Scheinen oder Münzen für Abhebungen vorrätig. Man kann das Geld also nicht einfach abheben - zumindest nicht, wenn sehr viele das gleichzeitig tun.

Das meiste Geld existiert also nicht als (physische oder chemische) Substanz. Es existiert als Buchungsgröße. Was bedeutet das?

Was ist die Substanz von Geld?

Buchgeld kommt von „buchen“. Als Buchgeld eingeführt wurde, gab es in Banken echte Kontobücher. Dort wurde jeder Zugang und Abgang von Geld handschriftlich festgehalten! Heute ist das anders: Wenn Du Deine Miete bezahlst, wird Geld nur in elektronischer Form von Deinem Konto auf das des Vermieters „gebucht“.

In Deutschland ist Buchgeld[ii], im Unterschied zu Scheinen und Münzen, kein gesetzliches Zahlungsmittel, wird im Wirtschaftsleben jedoch allgemein akzeptiert. Klar: Wenn ich einkaufen gehe, kann ich mir auch ohne Bargeld meinen Einkaufswagen mit Produkten füllen – EC- oder Kreditkarte machen es möglich! Und niemand wird mich an der Kasse aufhalten – nur weil ich mit „substanzlosem“ Geld bezahle.

Doch wenn es keine physische Substanz hat, also „stofflos“ ist, was ist dieses Buchgeld dann? Als was existiert dieses Geld?

Buchgeld „liegt“ elektromagnetisch auf Speichermedien, ohne physische Substanz. Man könnte vielleicht sagen: Es handelt sich um Information – in „Form“ von elektromagnetischen Schwingungen oder Frequenzen. Die Speicherung der Informationen erfolgt mit Hilfe von Computern, z.B. in einer Bank.

Erst mit einem Kontoauszug entsteht etwas Substanzielles oder Materielles, etwas Anfassbares. Doch ist der Auszug nicht als Geld verwendbar. Es ist nur Information über Geld. Das Geld selbst ist mit den normalen Sinnen, also sehen, tasten, riechen usw., nicht erfahrbar.

Buchgeld ist also in gewisser Weise ein „übersinnliches“ Phänomen!

Bargeld ist dagegen sinnlich erfahrbar. Es mutet für viele wertvoll an.

Natürlich hat Bargeld wichtige Funktionen – selbst für diejenigen, die es im Alltag kaum nutzen[iii]. Dennoch ergibt sich der Marktwert des Bargeldes, auch für unterschiedliche Scheine, nur über eine Festlegung. Die Substanz hat für die Kaufkraft des Bargelds keine wesentliche Bedeutung. Es ist nur Papier. Die Kosten für die Herstellung eines 100- oder 500-Euro-Scheins liegen im Cent-Bereich. Aber wir denken: Der 100- oder 500-Euro-Schein ist wirklich etwas wert. Und weil wir es denken, ist er es auch.

Zwar mutet Bargeld physisch real und „greifbar“ an. Doch erfährt es seine Kaufkraft erst durch gedankliche Bewertung und Festlegung. Man könnte sagen: Selbst Bargeld existiert mehr als eine Gedankenform.

Wie entsteht Geld?

„Mittwochmorgen, 8:20 Uhr. Michael Thomas sitzt vor drei Bildschirmen, in einem Gebäude der Bundesbank in der Frankfurter Innenstadt, Raum Nummer 2513, und erzeugt zig Milliarden Euro. In einem Computersystem namens Omtos ist es nur ein Knopfdruck, den der 23-Jährige machen muss. Einer seiner sieben Kollegen (…) bestätigt das Geschäft noch. Dann sind die Milliarden geschaffen, die Deutschlands Banken in dieser Woche von der Zentralbank angefordert haben. (…) Michael Thomas ist der Jüngste im Raum 2513, er (…) erinnert noch sehr an den netten BWL-Studenten im zweiten Semester, der er sicher mal war (…). Für Michael Thomas ist es immer noch ein wenig surreal, was er da abwechselnd mit den Kollegen tut. Die Vorstellung, dass er derjenige ist, der die Milliarden in die Welt schickt. Immer noch fällt es ihm schwer, Menschen außerhalb der Bankenwelt zu erklären, was er genau tut.“[1]

Während Bargeld in Druckereien und Münzprägeanstalten hergestellt werden muss, kann elektronisches Buchgeld in sehr großen Mengen und in kürzester Zeit entstehen. Ein Knopfdruck genügte im Beispiel, um Milliarden zu erschaffen und zu versenden.

In der Praxis entsteht Geld meist dadurch, dass Banken Kredite vergeben. Beispiel: Beim Kauf einer Eigentumswohnung fehlt dem Käufer Geld. Und auch die Hausbank verfügt meist nicht über genug eigene Mittel, die verliehen werden können. Dennoch kauft der Käufer die Wohnung! Obwohl ursprünglich gar nicht genug Geld vorhanden war, erhalten nun sämtliche Empfänger vollständig ihr Geld (per Kontoeingang): Verkäufer der Wohnung, Makler,

1 Lisa Nienhaus (03.05.2014): „Wie kommt das Geld in die Welt?“; Frankfurter Allgemeine Zeitung.

Notar, Grundbuchamt usw. Über den Kredit wurde neues Geld erschaffen, das zuvor nicht existierte.

Was liegt davor?

Das Beispiel zeigt ganz praktisch, dass Geld nicht aus sich heraus entsteht, sondern dass wir bei der Erschaffung von Geld mitwirken. Jeder Einzelne ist Teil des Prozesses der Geldschöpfung. Über unsere Denk- und Verhaltensweisen haben wir nicht nur Einfluss auf unsere eigene Situation mit Geld. Wir haben, in der Summe, Einfluss auf das Geldsystem. Wir prägen dieses. Es wäre daher günstig, wenn wir uns mehr als Gestalter begreifen denn als Opfer äußerer Umstände. Alles beginnt bei uns selbst.

Klar, die Umsetzung der normalen Geldschöpfung obliegt dem Bankensystem. Dennoch wirken wir alle durch unsere Planungen täglich bei der Erschaffung (oder Wegerschaffung) von Geld mit.

Wenn z.B. der Käufer der Eigentumswohnung gut verdient und seinen Kredit bald ganz zurückzahlt, passiert folgendes: Im Moment der Überweisung an die Bank verschwindet das Geld von seinem Konto. Es ist nicht mehr da. Die verfügbare Geldmenge schrumpft. Sie würde natürlich auch schrumpfen, wenn wir Geld verlieren, und kein anderer findet es.

Jede Entscheidung in Bezug auf Geld hat einen Vorlauf. Die praktische Erschaffung von Geld setzt ein gedankliches Konzept, eine Art Planung, voraus.

Man könnte vor diesem Hintergrund sagen: Geld wird erschaffen durch die Kraft der Gedanken.

Doch was ging dem Gedanken voraus? Für den Gedanken brauchte es etwas, das den Gedanken erschuf: eine Art „Gedanken-Erschaffungsebene". Und genaugenommen brauchte es eine weitere Ebene, in der diese Erschaffungsebene existieren kann.

Bedürfnisse verändern sich

Als meine Tochter Nora sechs Jahre alt war, machte ich mit ihr folgendes Experiment: Ich setzte mich neben sie an einen Tisch. Dort hatte ich aufgebaut: Einen kleinen Stapel aus Münzen und Scheinen, daneben einen Auszug eines Templeton-Aktienfonds, die Police einer Lebensversicherung, einige Münzen aus Silber und Gold sowie einen Auszug vom Girokonto mit EC-Karte. Jeder der Stapel repräsentierte in etwa den gleichen Eurowert. Dann sagte ich: „Schau mal, Nora: Was ist mehr wert?" Ohne zu zögern zeigte sie auf die Gold- und Silbermünzen. „Das, Papa, das ist richtiges Geld!" Ich war begeistert über diese Aussage und auch ein bisschen stolz: Hatte mich in den Jahren zuvor intensiv mit Problemen an den Finanzmärkten beschäftigt und fühlte mich durch Noras Urteil bestätigt. Nach dem Motto: „Da sieht man, dass Kinder noch spontan Qualität empfinden, sich nicht ablenken lassen durch aufgedruckte Zahlen!"

Als meine Tochter 14 wurde, erinnerte ich mich an das Experiment. Und mir war plötzlich klar: Würde ich sie heute noch einmal fragen, was für sie am meisten wert ist, würde sie auf einen anderen Stapel zeigen: Bargeld! Bargeld ist mit 14 etwas Attraktives:

Sie kann es direkt eintauschen in all die Wünsche, die sie hat: etwas Shopping, neues Handy, Teleobjektiv usw. Das Silber, seine schöne Optik und Haptik, sind jetzt eher uninteressant. Die Zahlungsmittelfunktion steht im Vordergrund des Interesses.

An einem Nachmittag, kurz nach ihrem 16. Geburtstag, eröffnete mir meine Tochter, wir müssten noch kurz bei der Bank vorbeifahren. Ich fragte: Wieso bei der Bank? Sie sagte: Ich möchte Geld auf mein Konto einzahlen. Ich fragte: Wie kommt´s? Dachte, Bargeld ist für Dich am besten? Sie antwortete: Na ja, ich möchte meinen Führerschein machen. Dafür brauche ich Geld. Wenn es hier rumliegt, besteht die Gefahr, dass ich es ausgebe.

Ziele und Bedürfnisse können sich ändern im Leben. Es gibt für sie kein gutes und kein schlechtes Geld. Mal ist das eine besser geeignet, mal das andere. Ganz einfach. Gut, wenn man so flexibel ist.

Den Horizont erweitern

Nicht nur die derzeitige Lebenssituation, die wir haben, nicht nur die aktuellen Ziele und Wünsche spielen eine Rolle: Auch persönliche Geschmacksfragen sind wichtig – eine Art persönliches Wertgefühl.

Dieses persönliche Wertgefühl prägt die Einschätzungen mit, die wir haben und die unserem Handeln zu Grunde liegen. Natürlich wird das persönliche Wertgefühl auch beeinflusst durch gesellschaftliche Meinungen – sowie durch das Vorhandensein von Grundkenntnissen und praktischen Erfahrungen. Dennoch ist dieses Wertgefühl bei jedem anders ausgeprägt. Woran liegt das?

Einige Menschen z.B. fühlen sich „in der heutigen Zeit“ mehr zu Immobilien hingezogen. Diese Geldanlagen versprechen mehr „Substanz“ als Buchgeld.

Dagegen ist auch nichts zu sagen.

Aber es hängt eben vom persönlichen Wertgefühl und den praktischen Umständen ab. Es gibt keinen Marktwert, der „per se“ der Materie, der Substanz innewohnt.

Mit sogenanntem „Festgeld“ fühlten sich viele Menschen über viele Jahre sehr wohl: Es war vielen Deutschen vertraut, wurde als sehr „sicher“ angesehen (obwohl stoffloses, elektronisches Geld). Und es galt aufgrund der höheren Zinsen als attraktiv.

Andere bevorzugen Bargeld. Es gibt ihnen ein Gefühl von Unabhängigkeit und Flexibilität. Und es ist anfassbar.

Wieder andere Menschen fühlen sich sehr unwohl, wenn sie größere Beträge in bar besitzen. Sie wollen das Geld dann lieber schnell zur Bank bringen – oder geben es aus.

Auch hohe Guthaben auf dem Konto machen einige nervös. Das kann ganz verschiedene Gründe haben. Manche wollen das Geld lieber anlegen, z.B. in Aktien. Andere in Immobilien: Sie lieben es, sich etwas Konkretes zu erschaffen, das auch einen praktischen Nutzen verspricht. Oder sie haben wenig Vertrauen in das Bankensystem und möchten das Geld von daher lieber anders anlegen.

Wieder andere fühlen sich mit Silber oder Gold überaus wohl: Es ist z.B. nicht von den Computern in einer Bank abhängig, vom Funktionieren des Stromnetzes oder von politischen Entscheidungen zum Zahlungsverkehr. Es ist auch nicht von der Zahlungsfähigkeit eines Schuldners abhängig – wie bei einem Schuldschein oder einem Mietverhältnis. Und es mutet sehr substanziell an, ist im normalen Leben kaum zerstörbar.

Es gibt aber auch Menschen, die sich richtig unwohl fühlen, sobald man auf Gold zu sprechen kommt.

Es hängt alles mit individuellen Erfahrungen und Wertgefühlen zusammen. Erfahrungen sind in uns gespeichert. Diese Speicherungen sind von Person zu Person völlig unterschiedlich und können auch lange zurückliegen.

Das „Wertgefühl" wird also auch davon bestimmt, wie „vertraut" einem eine bestimmte Art von Geld (oder Vermögensanlage) ist. Es spielt dabei auch eine Rolle, womit Du Dich schon beschäftigt hast. Man kann eine Art von Geld oder Vermögen, das einem „vertraut" ist, besser einschätzen, auch besser „fühlen" als eine unbekanntere Art von Geld.

Wenn Du bereit bist, Dich mit einer Dir weniger vertrauten Art von Geld zu beschäftigen, kann es durchaus sein, dass Du diese plötzlich schätzen lernst. Du hast dann Deinen Horizont und Deine Handlungsmöglichkeiten erweitert.

Feste Meinungen bringen nichts

Es ist schwer, sich über Berichte, z.B. im Internet oder in Zeitungen, eine eigene Meinung über Geld und Vermögen bilden zu wollen. Jede Darstellung folgt der Sichtweise des Betrachters oder der Betrachterin. Natürlich kann diese in gewisser Weise stimmen – sie muss es aber nicht: Jeder neigt unbewusst dazu, diejenigen Aspekte unter den Tisch zu kehren, die nicht zum eigenen Gesamtbild passen – und diejenigen Aspekte hervorzuheben, die passen. Es wird auf der gedanklichen Ebene immer zu einer enormen Vielzahl unterschiedlicher Sichtweisen kommen.

Es ist kaum möglich, dass Du Dir – auf gedanklicher Ebene – aus den vielen Meinungen eine eigene bildest. Das wäre wohl Illusion.

Es bringt Dir ohnehin nichts, über Geld und Vermögen eine allzu feste Meinung zu haben. Denn es kann sein, Du liegst mit dieser Meinung falsch. Oder übersiehst eine andere wichtige Sicht der Dinge. Dann bringt Dir die feste Meinung gar nichts. Sie kann Dir sogar schaden, auch finanziell. Wenn man z.B. finanzielle Entscheidungen trifft, die auf unrealistischen Annahmen beruhen, hat man schlechte Karten. Hält man an seiner Meinung dann weiter fest, wird die Situation nicht besser. Feste Meinungen beruhen außerdem immer auf Erfahrungen und Daten der Vergangenheit. Doch diese müssen für die Zukunft nicht gelten.

In den nun folgenden Unterkapiteln sollen daher keine weiteren Meinungen hinzugefügt werden, etwa zu der Frage, was aktuell das bessere Geld oder die bessere Geldanlage sei. Vielmehr kann jeder seine eigenen Schlussfolgerungen ziehen.

Die Betrachtungen sollen dabei helfen, grundlegende Illusionen über Geld aufzudecken. Dadurch können wir uns von diesen Illusionen Stück für Stück verabschieden. Es geht darum, die eigene Logik zu schärfen und bestehende Meinungen zu hinterfragen. Dadurch wird unsere Sicht auf Geld und Vermögen unvoreingenommener und flexibler – damit auch klarer und fundierter. Entscheidungen werden in der Folge weniger beeinflusst durch unzutreffende, illusorische Annahmen.

Unvoreingenommen sein

Wenn Du erfolgreich Geld verdienen und dann anlegen möchtest, wäre es daher günstig, gegenüber den verschiedenen Arten von Geldanlagen eine eher neutrale Position einzunehmen. Und nicht zu glauben, auch nicht aus „sehr guten Gründen“, dass z.B. eine bestimmte Art von Geld nun „ganz grundsätzlich“ mehr wert wäre als eine andere – selbst dann nicht, wenn sie substanzieller erscheint wie Edelmetall, oder besonders „sicher“ wirkt wie Festgeld.

Es könnte sonst sein, dass Du Dich zu sehr einschränkst in Deinem Fokus, wenn für Dich nur eine Art von Geld „richtig“ ist – und alle anderen „falsch“. Es könnte sein, dass Du voreingenommen bist – und dadurch viele Chancen nicht ergreifst. Außerdem kann es sein, dass Du innerlich Ablehnungen erschaffst, die Dich wegschieben vom Geld.

Wenn Du z.B. nur Gold schätzt und Buchgeld etwas abschätzig als „Luftbuchungen“ bezeichnest und es geringschätzt, weil es wenig greifbar erscheint, egal ob das nun bewusst oder unbewusst geschieht, dann hast Du ein Problem: Z.B. werden Dich Deine Kunden oder Dein Arbeitgeber eher mit Buchgeld bezahlen als mit Gold. Doch Du denkst dann eher negativ über Buchgeld. Du erschaffst über die innere Ablehnung, bewusst oder auch unbewusst, eine Gegenenergie. Du schränkst damit Deine Möglichkeiten ein, neues Geld zu verdienen oder mehr Geld zu haben.

Es wäre daher ideal, wenn Du zu allen Arten von Geld (bzw. geldnahem Vermögen) ein neutral-positives Empfinden hättest – ganz egal ob es sich nun um Bargeld oder Buchgeld handelt, um Krypto-Währungen (wie Bitcoins), um Gold oder um Silber.

Jeder darf natürlich seine Meinung haben über die verschiedenen Arten von Geld und Vermögen – auch über künftige Marktentwicklungen. Man sollte dabei nur wissen: Die Meinungen müssen am Ende nicht stimmen.

Das Bewusstsein darüber ist wichtig. Denn es kann uns vor nicht fundierten Handlungsweisen und Hybris bewahren. Es bringt uns ein Erkennen und eine positive, hilfreiche Demut für unsere Entscheidungen über Geld.

Auch wenn Du mehr Geld verdienen möchtest, ist es günstig, keine Art von Geld dabei von vornherein auszuschließen – sondern grundsätzlich in einem positiven Verhältnis zu allen Arten von Geld zu stehen. Sei auch mit Deinem eigenen Geld innerlich in Kontakt. Schätze das Geld, ganz egal in welcher Form es vorliegt. Wenn Du das Geld erhalten hast, kannst Du Dich immer noch entscheiden, was Du damit tun möchtest.

Es ist gut, Geld einfach zu mögen, egal in welcher Form es vorliegt.

EC- und Kreditkarte

Die EC-Karte aus Plastik ist vielleicht nicht besonders hübsch. Aber an der Kasse ist sie sehr hilfreich. Und beim Kauf ist es egal, ob Du mit einem Geldschein oder mit der EC-Karte bezahlst. Auch wenn der eine oder andere (wie ich) den Schein vielleicht als etwas wertiger fühlen würde. Für den Kassierer gilt: 50 Euro sind 50 Euro!

Setze daher auch die EC-Karte achtsam ein. Sie ist mehr als nur ein Stück Plastik. Sie hat vollen Zugriff auf Deine Konten! Gleiches gilt für die Kreditkarte. Behandle sie mit Wertschätzung und Dankbarkeit - auch dann, wenn einmal nicht viel Geld auf dem Konto ist.

Solange Du Bargeld dennoch besser fühlen kannst als die EC-Karte, zahle lieber bar! So oft es geht. So bist Du mehr im inneren Kontakt mit Deinem Geld und behältst die Übersicht.

Bargeld

Der Marktwert des Papiers ist eher gering im Vergleich zu dem, was darauf steht. Das trifft ganz besonders auf die 200- und 500-Euro-Scheine zu.

Der Wert von Papiergeld liegt also nicht in der physischen Erscheinungsform begründet (das bedruckte Papier), sondern in der zugrundeliegenden Einschätzung, dass der Schein als Zahlungsmittel eingesetzt werden kann. Es handelt sich um eine Art Erfahrungswissen – basierend auf einer gedanklichen (auch rechtlichen) Festlegung.

Die Einschätzung könnte sich in Abhängigkeit von äußeren Umstände natürlich auch verändern:

Als während der Hyperinflation 1923 das Papiergeld in Deutschland rasend schnell an Wert verlor, soll es auch zum Anfeuern des häuslichen Ofens genutzt worden sein. Die Wertaufbewahrung trat dagegen in den Hintergrund.

In anderen Zeiten hingegen waren Bargeld, manchmal auch Edelmetalle, sogar Salz oder Zigaretten, das einzig akzeptierte Zahlungsmittel.

Giro- und Tagesgeld

Für viele ist das Girokonto oder das Tagesgeldkonto eine bevorzugte Form von Geld. Zwar verliert dieses Geld häufig an Kaufkraft, das heißt man kann jedes Jahr etwas weniger mit dem gleichen Geld kaufen[iv]. Doch „schwankt" die Bewertung nicht, solange dieses Geld existiert. Dadurch hat man jederzeit die Möglichkeit, neu zu entscheiden, was man mit dem Geld tun möchte. Das schafft persönliche Flexibilität.

Hinzu kommt: Würden Preise für andere Geldanlagen, z.B. Aktien, Anleihen oder Immobilien, plötzlich stark fallen, könnten die Besitzer von Girokonten und Tagesgeld diese sehr günstig einkaufen – vorausgesetzt sie trauen sich dann. Gleiches gilt natürlich auch für die Besitzer von Bargeld.

Nach einem „Crash" könnte leicht ein Fünfzig- oder Hundert-Prozent-Gewinn entstehen – obwohl das Giro- oder das Tagesgeldkonto keine reale Verzinsung verspricht.

Man sagt ja auch: Im Einkauf liegt der Gewinn.

Immobilie

Zunächst: Wenn Du Dir eine eigene Immobilie gekauft hast, eine Wohnung oder ein Haus, dann genieße sie! Es ist vielleicht nicht für ewig: Spätestens mit Deinem Ableben endet Dein „Eigentum".

Genieße Dein Haus oder Deine Wohnung, denke nicht zu oft über den Wert nach, außer Du möchtest bald verkaufen. Sei nicht gierig oder übertrieben euphorisch, wenn der Marktpreis steigt und Dein Heim dann „mehr wert“ ist.

Denn Preise können sich wieder ändern. Im aktuellen Geldsystem ist alles miteinander verwoben. Das macht Prognosen mehr als schwierig. Würden z.B. die Bankzinsen für Kredite plötzlich sehr stark steigen, könnten sich viel weniger Menschen eine Wohnung kaufen, weil ihre monatliche Belastung für einen neuen Kredit steigt. Die Nachfrage würde sinken. Deine Wohnung wäre vielleicht nicht mehr so leicht verkäuflich, wie sie es heute ist. Sie wäre aber weiterhin ein schöner Platz für Dich zum Wohnen.

Ist die eigene Wohnung, das eigene Haus wirklich eine Geldanlage? Dazu hatte ich 2004 ein Erlebnis: Von einem Bekannten, er war von Beruf Immobilienmakler und Finanzberater, wusste ich, dass er seit einiger Zeit davon träumte, ein Mehrfamilien-Mietshaus zu besitzen. Die Idee: Er wollte in ein paar Jahren mit seiner Familie gut von den Mieterträgen des Hauses leben können. Er suchte fortlaufend nach Objekten, die er kaufen könnte. Und da zu der Zeit die Preise für Mietshäuser sehr günstig waren, wurde er auch immer mal wieder fündig. Das Problem war: Es fehlte ihm an Eigenkapital. Er hatte dieses ein paar Jahre zuvor in zwei Einfamilienhäuser gesteckt, in denen seine Familie und seine Eltern wohnten. Er verdiente recht gut, aber es klappte trotzdem nicht, noch Geld zurückzulegen. Die laufenden Kosten für den Vierpersonenhaushalt und den Bankkredit waren zu hoch. Irgendwann, bei einem gemeinsamen Mittagessen, fragte er mich plötzlich, was ich ihm in seiner finanziellen Lage raten würde. Ich überlegte kurz und sagte: „Die wirtschaftlichste Idee wäre doch: Du verkaufst Dein

Haus (die Preise in Kleinmachnow waren gestiegen). Dann bleiben Dir, nach Rückzahlung des Bankkredits, noch rund 300.000 €. Ihr mietet eine vergleichbare, gut sanierte Wohnung - nicht ganz so riesig wie Euer Haus. Das senkt Eure laufende Belastung (Gartenarbeit machte ihm nicht so viel Spaß). Du machst es Dir in der neuen Wohnung mit Deiner Familie richtig schön und investierst von dem Verkaufserlös noch 20.000 bis 30.000 € in eine gute Ausstattung des Mietobjekts. 20.000 € bleiben für Dich als Reserve (er hatte keine Reserve, dass machte ihm oft Stress). Die übrigen 250.000 € gehen als Eigenkapital in den Kauf Deines Mietshauses für rund 1,2 Millionen € Kaufpreis (inklusive Nebenkosten). Das bringt Dir, bei den aktuell niedrigen Kaufpreisen, rund 95.000 € Mieteinnahmen netto kalt. Damit bedienst Du Kreditzinsen und Instandhaltung – und tilgst mit dem, was übrig bleibt, laufend so viel Darlehen wie möglich. Nach ein paar Jahren Tilgung kannst Du von den Überschüssen Deines Hauses ganz gut leben – und musst nicht mehr arbeiten … das war ja Dein Wunsch. Er überlegte. Sagte nichts. Er wusste, dass die Idee absolut realistisch war. Er hatte als Makler zudem die Möglichkeit, selbst ein gutes Mietshaus zu finden. Er wusste ferner, dass der Zeitpunkt dafür perfekt war. Er würde das für ihn damals wichtigste Ziel in wenigen Jahren erreichen können: das Ziel, nicht mehr arbeiten zu müssen. Und hat er den Vorschlag damals umgesetzt?

Nein, er blieb dort wohnen, wo er wohnte. Allein der Schritt, jetzt ein Haus zur Miete zu suchen, seine Frau von dem Vorhaben zu überzeugen, die Kinder auf die Veränderung vorzubereiten, Käufer für das eigene Haus zu suchen … solche Entscheidungen fallen den meisten nicht leicht, wenn es sich um das eigene Wohnhaus handelt.

Wir sind innerlich nicht so frei, wenn es um die eigene Immobilie geht. Deshalb hat die selbst genutzte Immobilie zwar einen Zeitwert, sie ist in der Regel aber keine Geldanlage im eigentlichen Sinne. Es ist mehr der Ort, an dem wir wohnen.

Manche Menschen kaufen Immobilien, eigengenutzt oder zur Vermietung, weil diese sinnlich erfahrbarer sind als z.B. eine Bankanleihe oder ein Aktienfonds. Dagegen ist auch nichts zu sagen. Wenn die Immobilien am richtigen Standort liegen und der Wert des Vermögens dann gestiegen ist, umso besser. Aber vergiss auch hier nicht: Die Substanz des Hauses ist zwar etwas Schönes. Der Marktwert hängt jedoch nicht unbedingt davon ab.

Beispiel: Ein Einfamilienhaus in München im Jahr 2016 ist durchaus ein kleines Vermögen wert. Stelle Dir das gleiche Haus mit gleicher Ausstattung und „Substanz“, gleichem Gartenzaun usw., an einem anderen Ort oder zu einer anderen Zeit vor – ein Beispiel wäre Eisenhüttenstadt Ende der 90er Jahre, eine Gegend, aus der Menschen über viele Jahre eher wegzogen als dort hinzuziehen. Das gleiche Haus mit gleicher Ausstattung kann an einem Ort sehr teuer und an einem anderen Ort nur einen Bruchteil dessen wert sein.

Der Marktwert ist durch menschliche Einschätzungen und Bewertungen geprägt. Es ist die menschliche Einschätzung, die den Marktwert ausmacht, weniger die Substanz an sich.

Gold, US-Staatsanleihen, Krisen

Gerade dann, wenn die meisten den Eindruck haben, dass irgendein Vermögensgegenstand „ganz sicher“ ist – oder „ganz sicher“ weiter im Wert steigen wird –, kann es zu Veränderungen kommen.

Das gilt für Geld wie für Vermögensanlagen, auch für Edelmetalle. Es ist abhängig von der Summe der Einschätzungen.

Gold z.B. ist begehrt. Vor allem als Schmuck oder zur Wertaufbewahrung. Deshalb wurde über Jahrtausende hinweg nach Gold gegraben. Vielfach mit immer größerem technischem Aufwand. Seit der Jahrtausendwende hat sich der Preis für Gold aufgrund von veränderten Einschätzungen in etwa verdreifacht (bis 2016/2017). In anderen Worten: Euro oder Dollar haben sehr deutlich an Wert, also an Kaufkraft gegenüber dem Gold verloren. Wovon hängen künftige Einschätzungen ab? In welche Richtung wird der Goldpreis gehen? Die Einschätzungen hängen natürlich von ganz verschiedenen Faktoren ab, hier ein paar Beispiele:

- Würde sich die Stimmung gegenüber dem Gold eintrüben, würde es weniger nachgefragt, unabhängig von seiner Substanz, seiner Schönheit oder einer gefühlt-innewohnenden Sicherheit. Der Preis würde womöglich sinken.
- Würden Vermögensanleger allerdings ernsthaft glauben, dass andere Anlagen, insbesondere Anleihen, bald nichts mehr wert sind, könnte umgekehrt eine „Flucht vieler Gelder“ aus diesen Anlagen einsetzen – Geld würde in andere Anlagen fließen, auch in physische Edelmetalle. Große Geldmengen würden auf ein vergleichsweise kleines Angebot an Edelmetallen treffen. Die Preise könnten dadurch besonders stark steigen. Vielleicht würde es sogar zu Lieferengpässen kommen, insbesondere beim Silber. In einer echten Krise des Finanzsystems werden Menschen oftmals lieber langlebige Konsumgüter kaufen als Vermögensanlagen.

Bei früheren Krisen kam es auch zu umgekehrten Bewegungen: Ein Teil des Geldes „flüchtete sich“ aus anderen Anlagen in US-

Staatsanleihen. Diese wurden oft als „sicherer Hafen“ angesehen: trotz des Umstandes, dass die USA (wie viele andere Länder auch) viele Jahre lang ungebremst neue Schulden aufnahmen – und daher auch Zweifel an der Solidität immer neuer Schuldpapiere bestehen könnte. Die gewöhnliche Logik stößt inzwischen an Grenzen. Bei einem Teil der weltweiten Anleihen z.B. waren Investoren bereit, nicht nur auf jegliche Zinsen des Schuldners zu verzichten, sondern nahmen sogar Minus-Zinsen in Kauf.

Es geht also nicht um Logik, es geht nur um die Summe vorhandener Einschätzungen. Jede „Sicherheit“ von Geld ist relativ und auch jeder Wertzuwachs einer Anlage hängt allein von der Summe der Einschätzungen ab. Weil dem so ist, können wir nie davon ausgehen, dass Geld „sicher“ ist – als würde einer Geldanlage gewissermaßen eine „Sicherheit“ innewohnen. Denn das tut sie nicht.

Wir können, jeder für sich, bestimmte Einschätzungen haben, mehr nicht – beispielsweise dass eine Form von Geld oder Vermögensanlage mehr Perspektive bietet als eine andere. Und es ist für den einen oder anderen auch interessant, sich näher damit zu beschäftigen. Ich selbst habe mich viele Jahre lang mit ausgewählten Märkten beschäftigt und Kundenvorträge gehalten. Es machte mir viel Spaß. Man sollte aber immer wissen, dass es ein Spiel ist, dessen Ausgang wir nicht objektiv vorhersagen können.

Einfluss von großen Akteuren

Hinzu kommt: Medien wie Zeitungen, Fernsehen oder Internet spielen für Stimmungen eine erhebliche Rolle. Diese beeinflussen die Einschätzungen von Anlegern oder Konsumenten.

Auch Notenbanken, Banken, Politik und Großinvestoren sind in der Lage – alleine oder im Zusammenspiel –, Entscheidungen zu treffen, durch welche Stimmungen und Einschätzungen beeinflusst werden – und damit auch Preise. Manchmal reicht dafür schon ein öffentliches Statement oder eine Ankündigung.

Die „Markt"-Preise vieler Güter und Geldanlagen sind durch verschiedene Eingriffe der Notenbanken vermutlich stark verzerrt. So führen Niedrigzinsen zu einer höheren Verschuldung, weil es weniger kostet, sich zu verschulden. Dadurch werden mehr Güter oder Geldanlagen nachgefragt bzw. eine künftige Nachfrage wird zeitlich vorgezogen. Würden an einem bestimmten Punkt die gewohnten Eingriffe der Notenbanken enden, z.B. durch Aufgabe des künstlichen Niedrigzinses, so würden sich viele Preise von Gütern und Geldanlagen deutlich verändern, denn durch ansteigende Zinsen bliebe die künstliche Nachfrage aus.

Auch der Wert von Unternehmen, beispielsweise die Vermögenswerte vieler Banken, hängt ab vom festgelegten Zins.

Wer könnte in einem solchen Umfeld künftige Entwicklungen exakt prognostizieren? Es wäre wohl eher gewagt zu glauben, man könne sich tatsächlich eine „fundierte Meinung" zu künftigen Entwicklungen bilden.

Trends tendieren oft dazu, sich selbst zu verstärken, weil andere Marktteilnehmer auf den Zug aufspringen. Wenn der Preis z.B. über viele Monate fällt, werden in den Medien laufend Erklärungen formuliert: Berichtet wird etwa über Überproduktion (bei fallenden Preisen) oder Knappheit (bei steigenden Preisen). Die Erklärungen klingen meist sehr schlüssig. Doch sind sie reine Vermutungen und in der der Regel völlig nutzlos[v].

Es ist für Dich als Anleger daher günstiger, dieser Flut an Meldungen keine Bedeutung beizumessen.

Wenn der Preis lange steigt, selbst wenn er schon übertrieben erscheint, kann er durchaus noch einige Jahre weiter steigen. Bis es zu einer Bereinigung kommt, sich etwas auflöst und etwas Neues entsteht.

Allzu feste Meinungen sind auch in diesem Umfeld nicht unbedingt förderlich. Zumindest sollten sie ab und an überprüft werden. Man riskiert sonst leicht, zu lange an Dingen festzuhalten oder neue Chancen zu übersehen.

Fazit: Es wäre in einem solchen Umfeld eine wahre Kunst, Geld „sicher" anzulegen.

Es reicht daher zu wissen, dass es keine „Sicherheit" gibt auf der Ebene von Geld.

Die einzige Sicherheit, sie liegt tief in Dir.

Innere Sicherheit

Wie kann man sich diese Sicherheit vorstellen? Was macht sie aus? Woraus besteht sie?

Viele haben sie schon erlebt. Viele kennen diese Momente im Leben, wo man genau weiß, was zu tun ist, wie zu entscheiden ist. Es braucht keine Begründung. Es braucht kein Nachdenken. Man weiß einfach. Wir sagen dann, wir fühlen uns absolut sicher, z.B. bei einer Entscheidung. Aber es ist viel mehr als ein normales Gefühl, aus dem heraus wir entscheiden. Was ist es?

Es ist das Wissen, eine Art „gedankenloses" Erkennen, dass es richtig ist. Diese Sicherheit, sie ist immer da, aber meist bemerken wir sie nicht. Wenn wir ihrer gewahr sind, ist das sehr kraftvoll.

Wie kommst Du in diese innere Sicherheit? In den Zustand, in dem alles klar ist, in dem Du weißt, ohne darüber nachdenken zu müssen – oder gar angestrengt analysieren zu müssen. In dem Du weißt: Es ist, was es ist.

Wir merken im Gegensatz dazu, dass wir oft ausgelaugt werden von zu viel Nachdenken. Wir müssen im Alltag dann meist sehr viel kämpfen. Unsere Wirksamkeit sinkt. Die Ergebnisse leiden. Auch einfache, negative Gefühle rauben uns Kraft im Alltag. Man wird müde. Es ist daher wichtig zu erkennen: Aus welcher Ebene des Bewusstseins handeln wir gerade?

Wenn wir es wüssten, könnten wir uns stoppen - und uns wieder auf die Ebene von Bewusstsein einstellen, in der wir wirksam sind und keine Kraft verlieren.

Diese innere Sicherheit erleichtert unser Leben. Sie macht die Dinge einfach und klar. Finde sie dort, wo sie ist: in Dir.

Umdenken reicht nicht!

Viele Gedanken schleichen sich im Alltag ein: Du hörst etwas, liest oder siehst etwas und sofort werden Gedanken stimuliert. Ein echter Automatismus.

Im Alltag sind wir daher oft abgelenkt – meist durch unbewusste Gedanken, aber auch Gefühle. Wir „fühlen“ uns dann nicht mehr sicher in dem, was wir tun oder geborgen in dem, wer wir sind. Reicht es, einfach „neue“ Gedanken zu denken, um wirklich etwas zu verändern?

Auch gibt es in der Kultur, in der wir leben, eine Art vorherrschendes, gesellschaftliches Denken. Es repräsentiert das, was bereits existiert: in Dir, in Deiner Umgebung, in der Welt. Doch soll es in diesem Buch darum gehen, etwas Neues zu erschaffen - und die dahinter stehende Kraft besser zu verstehen.

Selten gelingt es, dass allein durch einen einfachen positiven Gedanken ein negativer Gedanke auf Dauer vertrieben wird - nach dem Motto: Ich dachte arm, jetzt denke ich reich (und bin es dann gleich). Vielleicht gelingt es. Doch meist gelingt es nur für einen Moment. Die alten Gedanken kommen dann wieder zurück.

Deshalb ist es wichtig, dass wir wissen: Wie erschaffen wir Gedanken? Wie erschaffen wir sie wieder weg? Wenn ein Gedanke einer Handlung vorausgeht, dann muss ja auch etwas diesen Gedanken erschaffen haben. Denn der Gedanke erschafft sich ja nicht selbst. Oder doch? Wie kontrollieren wir unsere Gedanken? Wie können wir sie stoppen? Wie können wir sie bewusster formulieren?

Auch negative Gefühle lassen sich selten durch anderes Denken vertreiben. Man kann sich meist nicht anders fühlen, als man sich gerade fühlt.

In fortschrittlichen Management-Seminaren heißt es zwar: Wir müssen umdenken. Das stimmt. Doch „Umdenken“ alleine reicht nicht – auch nicht „Umfühlen“. Wer große Veränderungen wünscht, muss wissen, welche unterschiedlichen Ebenen von Bewusstsein es gibt und wie wir diese im Alltag wirksam einsetzen. Wer große Veränderungen wünscht, muss sich auf ein anderes Konzept einlassen, wie wir als Mensch funktionieren.

Die Sinnfrage

Ist es wirklich alles, dass wir als Menschen geboren werden, aufwachsen, irgendwann einen Beruf ergreifen, vielleicht heiraten und Kinder kriegen, ein Haus bauen, Probleme überstehen, viel arbeiten, gut dastehen, wieder Probleme überstehen, dass wir essen, trinken, Müll produzieren und Strom verbrauchen? Dann gehen wir in Rente, sterben ein paar Jahre später … und das war´s? Wo wäre da der Sinn? Außer dass man ständig mit etwas beschäftigt ist.

Oder gibt es hier etwas, das eine Absicht in sich trägt? Etwas, weshalb wir hergekommen sind auf diesen Planeten und dieses Leben so führen, wie wir es führen?

Ein tieferes Verständnis davon würde uns helfen, unsere Situation besser zu erkennen – auch unsere Situation mit Geld. Sei es z.B., dass wir spüren können, wir haben eigentlich alles, was es braucht, und trotzdem sind wir nicht zufrieden. Sei es, dass wir ständig beschäftigt sind und unser Vermögen nicht wirklich genießen können. Sei es, dass wir nur sehr wenig haben und immer wieder Stress verspüren, genug Geld fürs Leben zusammen zu bekommen.

Nach einem Vortrag fragte mich ein Teilnehmer eine sehr persönliche Frage. Es ging um seinen weiteren Berufsweg und private Wünsche. Er erklärte sehr lange, aber ich verstand seine Frage nicht richtig. Ich begann nachzufragen, worum es ihm wirklich ging. Er zögerte mit der Antwort. Einige Sekunden verstrichen. Stille war im Raum. Ich wartete. Plötzlich sagte er: Es geht eigentlich um die Frage … Wozu bin ich hier? Wer bin ich? Was ist meine Aufgabe hier? Stille war wieder im Raum. Bis plötzlich jemand in der ersten Reihe herausplatzte: „Puh, das ist ja die Sinnfrage!“ Aber ja. Und es war gut, dass sie kam. Denn nachhaltige Veränderungen sind nur möglich, wenn wir uns auf die Frage einlassen: Was ist der Sinn? Was ist der Sinn bei dem, was wir tun? Wer sind wir?

Sind wir nur Körper, die durch die Gegend laufen und fleißig Aufgaben verrichten? Körper durchaus mit Gedanken und Gefühlen; Körper, die versuchen, sich irgendwie gut zu fühlen? Dann bringen wir uns in Situationen, in denen es sich besser anfühlt: Wir beginnen einen neuen Job, fahren in den Urlaub, sehen unsere Lieblingssendung oder fangen eine neue Beziehung an – alles, um dadurch wieder in positive Gefühle zu kommen und die eigene Lebendigkeit wieder zu spüren.

Das Problem dieser Konzeption ist, dass wir nichts wirklich verändern. Es erhöht auf Dauer nicht die innere Zufriedenheit, die Lebendigkeit in uns. Vielmehr brauchen wir dann immer wieder einen neuen „Kick“ durch äußere Umstände – für mehr Emotion.

Ein Yale-Professor sagte am Ende einer Vorlesungsreihe: „Wir sind nur Maschinen.“ Aus der Perspektive des Alltags mag dies manchmal so erscheinen. Doch wenn wir denken, wir sind unser Körper, wir sind unsere Gedanken und sind unsere Gefühle, dann drehen wir uns im Kreis.

Wenn Du z.B. denkst „Ich schaffe das eh nicht“ mit der Fitness und glaubst es dann auch noch, so bist Du total eins mit dem Gedanken. Und das Ergebnis wird wohl sein: Du schaffst es nicht. Schon weil die Energie fehlt. Und der negative Gedanke sich in Dir umsetzt.

Wir denken manchmal Gedanken und glauben dann, dass es genauso ist, wie wir denken. Dabei ist es nur eine Sichtweise und es gibt viele andere.

Wer sind wir also?

Erschaffensdimension

Die Kapazität, Dinge im eigenen Leben zu verändern, auch im Umgang mit Geld, wird oft beschränkt durch sich widersprechende Gedanken und Gefühle. Wenn wir glauben, wir sind diese Gedanken und Gefühle, kommen wir nicht vom Fleck. Man hätte z.B. gerne einen sportlicheren, fitteren Körper. Man sieht vom Verstand her auch absolut die Notwendigkeit, sich mehr zu bewegen. Man weiß, man fühlt sich nach dem Sport eigentlich auch wohl. Doch selbst wenn der Leidensdruck schon hoch ist, für den Körper endlich etwas zu tun, können entgegengesetzte Gefühle wie „Puh, heute zu erschöpft" und Gedanken wie „So wichtig ist es auch nicht", den ursprünglichen Impuls komplett blockieren.

Daher wäre es günstig, sich selbst nicht als Maschine, sondern als Wesen mit einer erschaffenden Dimension zu verstehen – einer Dimension, die über die gewöhnlichen Gefühle und Gedanken hinausgeht. Es wäre günstig zu verstehen, dass wir einen Körper, Gefühle und Gedanken haben, aber diese nicht sind.

Es ist wichtig, sich als eine erschaffende Dimension zu betrachten, die den Körper, die Gefühle und die Gedanken nutzt, aber nicht mit ihnen identisch ist.

Diese Erschaffensdimension würde also dem entsprechen, was wir wirklich sind. Diese Erschaffensdimension ist in sich jedoch nicht messbar, da sie keine elektromagnetische Ausstrahlung besitzt. Die Erschaffensdimension ist in ihrer Existenz dennoch in uns gut beobachtbar, sobald wir über eine ausreichend hohe Konzentrationsfähigkeit verfügen. Da diese Konzentrationsfähigkeit für jeden erlernbar und trainierbar ist, hat auch jeder die Möglichkeit, diese Erschaffenskraft in sich zu erkennen und zu erwecken.

Gespeicherte Erfahrung

Der Schlüssel zu einem neuen Verständnis von uns selbst ist: Feinere Wahrnehmung. Diese zeigt, dass wir mehr sind als Körper, Gefühle und Gedanken. Wahrnehmen ist mehr, ist feiner als Fühlen. Wir sind nicht unsere Wahrnehmung, sondern das, was wahrnimmt.

Wir können auch einen Gedanken wahrnehmen, also wahrnehmen, wie wir denken – und schon sind wir weniger in dem Gedanken verhaftet! Wir würden merken, wenn ein Gedanke nicht ideal ist. Du kannst auch das Gefühl dazu, etwa Resignation oder Lustlosigkeit, wahrnehmen, ohne dass Du in dem Augenblick glaubst, es sei genauso, wie Du es fühlst. Ohne dass Du Dich identifizierst, im Gefühl verharrst.

All dies verändert die Perspektive darüber, wer wir sind.

Unser „Instrument“ für die Wahrnehmung von Informationen ist viel differenzierter und leistungsfähiger als wir denken. Es ist, als hätten wir alle einen 8- oder 12-Zylindermotor. Aber im Alltag fahren wir dann nur auf drei Zylindern: Körper, Gefühle, Gedanken – normales Alltagsbewusstsein. Wir bringen dann weniger PS auf den Boden – oder ermüden schneller.

Bedeutende Weisheitslehrer sprechen in diesem Zusammenhang auch von „Seele“. Das macht Sinn, wenn „Seele“ sich nicht nur auf das gewöhnliche Denken oder ein „Bauchgefühl“ bezieht – sondern wenn „Seele“ auch feinere Wahrnehmungsmöglichkeiten mit einschließt. Du bekommst plötzlich Dinge in Dir mit, die andere so nicht mitbekommen. Du bekommst ein feineres Empfinden für Dich, für andere oder für bestimmte Situationen. „Seele“ könnte man dann beschreiben als einen Behälter mit unterschiedlichen Bewusstseinsebenen.

Da jeder Mensch andere Erfahrungen gemacht hat oder auch schon mitbringt, wird jeder ein bestimmtes Ereignis ganz anders empfinden oder bewerten. Das alles macht auch unsere Kommunikation manchmal schwierig, weil jeder eine andere Sicht der Dinge hat – und noch mal eine andere Weise, seine Sicht auszudrücken.

Wie werden diese unterschiedlichen Erfahrungen im menschlichen System abgespeichert?

Nehmen wir an, Du rutschst auf der Straße aus und fällst. Welche körperlichen Reaktionen werden dabei ausgelöst? Welche Gedanken hattest Du? Welche Gefühle? Wie waren die äußeren Umstände, etwa die Beschaffenheit des Bodens oder das Wetter?

Die Speicherung der Erfahrung, z.B. das Ausrutschen auf der Straße, inklusive Schreck, Schmerz und mögliche Umstände, erfolgt innerhalb des menschlichen Systems oder der „Seele" in Form von Frequenzen. Man könnte vielleicht sagen: Mit dieser Frequenz läufst Du dann herum.

Auch Erfahrungen, die wir mit Geld gemacht haben, sind auf diese Weise gespeichert. Die Frequenzen werden dann im Alltag stimuliert. Es gibt z.B. eine Anziehung zu Menschen oder Situationen, die eine gleiche oder ähnliche Frequenz in sich tragen. Beispiel: Uns stört immer eine bestimmte Eigenschaft bei anderen Menschen und wir treffen immer wieder auf so jemanden. Das muss überhaupt nichts mit der konkreten Person zu tun haben. Die Frequenz ist entscheidend. Einen Freund z.B. stört die gleiche Eigenschaft überhaupt nicht. Sein Frequenzmuster wird durch diese Person gar nicht aktiviert.

Ein Muster entsteht, wenn viele Erfahrungen gleicher oder ähnlicher Art gespeichert wurden. Man erkennt dies oft auch auf der körperlichen Ebene: an der Körperhaltung, an der Aussprache, am Gang oder an anderen Merkmalen.

Veränderung und Disziplin

Das Bemühen, etwas zu verändern, ist bei Firmen wie bei Privatpersonen durchaus oft gegeben. Der Wunsch besteht, Dinge anders zu machen oder gewonnene Erkenntnisse besser umzusetzen. Doch die Praxis zeigt oft: Man analysiert gemeinsam, stellt Maßnahmenpläne auf und setzt auch einiges um. Aber es funktioniert doch alles eher langsam und in kleinen Schritten. Und es gibt oft nicht den Durchbruch, den man sich erhoffte. Wenn wir gewöhnlich denken, erreichen wir nur gewöhnliche Veränderungen.

Aus einem gewöhnlichen Verständnis heraus, wie wir funktionieren, ist wirkliche Veränderung nach meiner Erfahrung schwierig und findet nur sehr selten statt. Dies ist auch ein Ergebnis meiner langjährigen Beratertätigkeit.

Wir optimieren allenfalls auf Basis des Bestehenden. Selten ist es ein großer Wurf. Selten wird eine Situation vollkommen neu gestaltet. Und selten bringen wir die erforderliche Disziplin auf.

Disziplin zu haben, würde bedeuten, dem, was uns wirklich gut tut, Folge zu leisten, uns darin nicht bremsen zu lassen – und uns auch nicht ständig ablenken zu lassen von Dingen, die uns verlocken, aber nicht wirklich weiterbringen.

Wir tun uns leichter bei Veränderungen, wenn wir Stück für Stück die Idee aufgeben, dass wir aus gewöhnlichen Gedanken, Gefühlen und Körper „bestehen", dass wir diese sind. Wir sind mehr.

Was bringen uns Vorbilder?

In Büchern und Seminaren wird viel vom „Resonanzprinzip" oder vom „Resonanzgesetz" gesprochen. Dann heißt es: Um reich zu werden, möge man sich in die Gesellschaft von wohlhabenden, positiv denkenden Menschen begeben. Indem man sich reich denkt, werde der Reichtum automatisch zu einem kommen. Und das Ziel ist erreicht.

Ist das wirklich so einfach?

Warum sind dann nicht alle reich?

Nun, wir gehen ständig „in Resonanz" mit etwas oder mit anderen, oftmals ohne es zu merken.

Wenn z.B. ein Mensch einen Raum betritt, dann gibt ihm der Raum in Abhängigkeit der Nutzer und der Nutzungen unterschiedliche Empfindungen. Die Personen im Raum, wie sie sind und welche Ausstrahlung sie auf uns haben, spielen eine Rolle, auch Farben,

Töne, Materialien und vieles andere. Manche sagen deshalb, sie haben schon „so ein Gefühl“, wenn sie einen Raum betreten.

Oder wenn Dein Partner oder Deine Partnerin abends völlig entspannt ist, gut gelaunt, zart und einfühlsam, und Du freust Dich und gehst mit der guten Laune des Partners „in Resonanz“. Das bedeutet, es wird ein guter Abend! Oder?

Und umgekehrt (!): Dein Partner ärgert sich, Du ärgerst Dich mit, gehst in Resonanz mit seinem oder ihrem Ärger. Wie wird dann Euer Abend? Oder beide haben schlechte Laune und schaukeln sich hoch in ihrem Ärger. Was genau geht da womit in Resonanz?

Oder Du bist sauer auf Deinen Chef oder auf einen Kunden. Aber einen Kollegen von Dir lassen dessen Eigenschaften vielleicht völlig kalt. Warum gehst Du in Resonanz und der andere nicht (oder umgekehrt)?

Oder Du gehst auf ein Motivationsseminar. Es heißt vielleicht: „Sprühende Geldenergie“. Der Motivationstrainer kommt in den Raum, er ist energiegeladen, heiß, dynamisch, Du gehst in Resonanz. Du fühlst Dich jetzt ebenfalls motiviert und hast nach zwei Stunden in einem brodelnden Hexenkessel das Gefühl: Alles ist möglich! Die erste Million fühlt sich zum Greifen nahe an! … Nach 3 Tagen ist nichts mehr übrig von der Inspiration, dem Hochgefühl … Woran liegt das?

Das Wesen der Resonanz

Manchmal „funktioniert“ Resonanz gerade dann, wenn man es nicht möchte. Und manchmal funktioniert sie nicht, wenn man es sich wünscht.

Resonanz bedeutet Mitschwingen. *Resonare* (lat.) wird mit „klingen, schallen, widerhallen" übersetzt. Wenn Du anderen einen Vorschlag machst und dieser „findet keine Resonanz", dann weißt Du, auch im übertragenen Sinne, dass keiner mitschwingt. In der Technik werden Resonanzen genutzt, um eine bestimmte Frequenz zu verstärken oder sie herauszufiltern. Das „Anschwung geben" bei der Kinderschaukel z.B. muss mit der Frequenz der Schaukel einhergehen. Sonst entsteht kein Mitschwingen. Wenn man mit einer vollen Kaffeetasse durch das Büro läuft, sollte man diesen Effekt jedoch vermeiden.

Jedes energetische System sendet zu jeder Zeit Schwingungen aus. Auch wir als Menschen tun dies. Dabei ist es egal, ob bewusst oder unbewusst. Elektromagnetische Schwingungen, auch die Art wie unser Nervensystem elektrisch „reagiert", spielen eine wichtige Rolle. Eine negative Haltung zu Geld etwa weist ein anderes Schwingungsmuster auf als eine entspannte, positive Haltung.

Da das menschliche System in der Lage ist, Erinnerungen in Form von Frequenzen abzuspeichern und da wir ja alle unterschiedliche Erlebnisse hatten, reagieren wir individuell ganz verschieden, z.B. auf eine Situation im Alltag.

Schon deshalb können wir meist nicht sagen, dieser oder jener ist „schuld" an unserer Situation. Denn wir empfinden Situationen nicht nur unterschiedlich, sondern bewerten sie auch unterschiedlich über unsere Gedanken. Es ist, als gingen wir mit einer persönlich eingefärbten Brille durch die Welt und würden nun alles durch diese Färbung sehen.

Die Resonanz entsteht in dem Augenblick, in dem die von uns ausgesandte Schwingung im Raum auf eine ähnliche Schwingung trifft. Beide gehen in Resonanz, es entsteht ein Mitschwingen.

Es gibt z.B. den Ausdruck: „Man liegt auf einer Welle“. Es gibt auch Momente, da sind wir tief berührt. Wir werden tief in unserer Seele angesprochen. Auslöser kann die gleiche Frequenz einer Person oder eines Ereignisses sein – auch eine Farbe, ein Ton, eine bestimmte Stimmung, die wir als Frequenz in uns kennen.

Grenzen der Stimulation von außen

Ich schrieb vor einigen Jahren an einem Text über Geld. Ich saß in meinem Büro und hatte seit einigen Tage einen echten „Hänger“. Kam nicht voran. Schrieb viel auf und löschte es gleich wieder. Plötzlich hatte ich eine Idee: Vielleicht hilft es Dir, in einem anderen Umfeld zu schreiben? Ich suchte mir kurzentschlossen ein schönes 5-Sterne-Hotel, setzte mich in die Lounge, bestellte mir einen Cappuccino und begann zu arbeiten. Dabei ging ich in Resonanz mit diesem Raum, der für mich so etwas wie Reichtum und Selbstbewusstsein ausstrahlte. Es half mir jedenfalls, in die Gänge zu kommen …

Nun, positive Stimulation kann durchaus eine Unterstützung sein, z.B. weil wir auf diese Weise erkennen, wie es sich anfühlt, schon ein paar Schritte weiter zu sein. Neue Bilder über uns selbst können sich leichter formen, als wenn wir im stillen Kämmerlein hocken. Dadurch kommen wir selbst schneller ein paar Schritte weiter.

Aber macht es wirklich Sinn, sein Leben auf der Suche nach diesen positiven Resonanzen aufzubauen, also eine permanente Stimulation durch andere Menschen, durch schöne Dinge, Urlaubsreisen usw. erreichen zu wollen?

Reicht es aus, von Vorbildern begeistert zu werden, um im eigenen Leben nachhaltige Veränderungen zu erwirken?

Um sich z.B. mit reichen Menschen zu befreunden, wie es manchmal in Büchern geraten wird, braucht es ja bereits eine entsprechende Resonanz-Schwingung in uns, damit wir mit diesen überhaupt in Kontakt kommen. Hier beißt sich die Katze in den Schwanz.

Setze daher nicht allein auf Stimulation von außen über Vorbilder und deren Tipps, z.B. wie man schnell mehr Geld verdient. Wir müssen zuerst unser eigenes System verändern.

Ist es überhaupt möglich, dass wir ständig in positiven Resonanzen (tolle, „erfolgreiche“ Menschen, inspirierende Umgebungen usw.) leben können? Ist das wirklich das „Rezept“?

Sind „negative Resonanzen“ wirklich immer so schlecht, dass wir ständig nach „positiven Resonanzen“ suchen müssten? Wenn wir uns durch unsere Umgebung entmutigt fühlen, unzufrieden sind oder frustriert, vielleicht sauer auf irgendwas, kann dies ja auch eine wichtige Information für uns sein: Wo sind noch Dinge in uns, die wir heilen dürfen?

Kann es auch in eine Abhängigkeit führen, wenn man das Gefühl hat, sich sehr viel mit „Vorbildern“ umgeben zu müssen? Könnten wir denn unseren Level auch ohne diese Vorbilder halten und uns weiter entwickeln? Oder legen wir uns bequem in den Sog der Vorbilder und lassen uns mitziehen – ohne dass wir bereit sind, unser eigenes System zu verändern?

Und sind wir immer sicher, dass diese Vorbilder das auch wirklich leben, was sie predigen? Haben die Vorbilder wirklich reine Absichten?

Solange wir keinen Zugang haben, unseren Schwingungszustand selbst nachhaltig zu verändern, hängen wir stark von äußeren Ereignissen ab: Es braucht immer neue Stimulation. Sobald sie endet, fühlen wir uns nicht mehr lebendig. Wir suchen nach der nächsten Stimulation, dem nächsten „Ding“.

Wenn ein Schauspieler den tosenden Applaus des Publikums braucht, als Lob und Bestätigung für seine Arbeit, so ist er abhängig. Und wird, sobald dieses Lob einmal ausbleibt, oder er sogar ausgebuht wird, vielleicht sehr traurig und unglücklich.

Es ist daher sehr wichtig, dass wir nicht nur die Stimulation im Außen suchen, z.B. in bestimmten Ereignissen oder im Beruf, sondern dass wir sie im Innern finden.

Das gelingt, wenn wir unsere Kraft frei fließen lassen können. Dadurch wird sich die Schwingung unseres Systems verändern. Es wird anders und neu nach außen strahlen. Unser Potential verändert sich automatisch: Wir treten dann mit den Menschen und Ereignissen in Kontakt, die eine gleich strukturierte Schwingung aufweisen.

Stimulation durch Vorbilder oder tolle Ereignisse ist etwas Schönes. Aber wer nur in diese Richtung springt, der springt zu kurz. Wir müssen den Fokus umkehren. Es beginnt alles bei uns selbst.

Der Kontakt mit sich selbst

Was könntest Du tun, damit Du für Dich direkter und unabhängiger vorgehst? Dass Du keine „Dauerstimulation“ brauchst, um in einen lebendigen Ausdruck zu kommen.

Die wahre Möglichkeit, in Resonanz zu gehen, wäre: sich mit der Urkraft zu verbinden. Gehe in Resonanz mit dem, was Du wirklich bist.

Und es birgt nicht die Gefahr, auf Abwege zu geraten. Wenn z.B. diejenigen, die Du als Vorbilder auswählst, gar nicht so vorbildhaft sind. Und sie ihre scheinbaren großen Erfolge zwar mit viel Kraft und Charisma, aber eben auch mit Hilfe geschickter Beeinflussungen erreichen.

Ob sie sich selbst dieser Manipulation bewusst sind oder nicht, ist im Ergebnis nicht wichtig. Es kann durchaus ein unbewusster Mechanismus sein. Beispielsweise um Zuspruch und Anerkennung anderer zu finden.

Und Hand aufs Herz: Wer weiß wirklich sicher, ob er nicht auch andere manipuliert, bewusst oder unbewusst, um sein Ziel zu erreichen?

Das bedeutet nicht, dass Du keine Vorbilder haben sollst. Aber konzentriere Dich vor allem auf Dich, auf die Urkraft in Dir, die Kraft, die in Dir steckt, auf die Tiefe und Präsenz, die Du bist.

Aus dieser Position kannst Du Dein eigenes Potential besser spüren. Und Du erkennst, was in Dir steckt.

Aus dieser Position kannst Du Deine „Vorbilder" gleichzeitig besser spüren. Du kannst Menschen, die Du insgeheim bewundertest, besser wahrnehmen. Du kannst immer mehr erkennen, wie sie wirklich sind.

Viele Vorbilder werden dann vielleicht keine mehr sein.

Es wird vielleicht andere Vorbilder geben, die Dich inspirieren für Deine Entwicklung.

Aber vor allem gilt: Du bist ganz bei Dir.

Wenn Du für jeden Bereich Deines Lebens ein äußeres Vorbild definiertest, um es zu nachzuahmen, müsstest Du ein Vorbild für Geld finden, eines für den Beruf, eines für Partnerschaft, eines für körperliche Fitness, Deine Gesundheit usw.

Es würde unglaublich viel Disziplin erfordern, das alles nachzuahmen, zu kopieren. Du musst ständig prüfen, ob das, was der andere tut oder hat, wirklich Dein Ding ist, zu Dir passt. Am Ende wäre es für die meisten wohl eine Überforderung. Viele Menschen legen daher ihren Fokus auch nur auf einen oder zwei Lebensbereiche, beispielsweise die Karriere. Der Rest läuft dann irgendwie mit. Oder er fällt hinten herunter.

Verbinde Dich mit der Urkraft. Verbinde Dich mit dem Sein. Es ist der direktere Weg, weil er automatisch in alle Lebensbereiche hineinwirkt.

Man könnte auch sagen: Gehe in Resonanz mit Dir selbst – und zwar mit dem Anteil, der so loslässt, dass er einen Überblick hat. Gehe in Kontakt und in Verbindung mit der Kraft, die wirklich in der Lage ist zu erschaffen.

Wie könnte das aussehen? Ein Beispiel: Wenn Du ein Produkt verkaufst, würdest Du Dich ganz auf Dich konzentrieren, darauf, dass Du ganz bei Dir bist. In dieser Weise präsent seiend bist Du auch ganz für den Kunden da. Du würdest wie von selbst genau ergründen wollen, was der Kunde sucht oder möchte – welche Motive er hat, was zu ihm passen könnte und was nicht. Du würdest es mit Hingabe und ganz von Herzen tun, nicht nur aus einer Angst heraus zu denken, dass Du halt irgendwie Dein Geld verdienen musst.

Deine Worte wären liebevoll und klar. Und nicht aufgesetzt und künstlich-freundlich, wie Du es vielleicht in einer Verkaufsschulung gelernt hast. Du würdest im Kundenkontakt ganz da sein. So sehr, dass Du – im Gespräch oder darüber hinaus – gar nicht mehr an „Produkt-Verkauf" und Deinen „Umsatz" denkst. Der Erfolg würde Deiner Hingabe folgen.

Immer mehr Kunden haben ein Gespür, ob Du wirklich Freude hast am Kontakt mit Menschen oder Angst, nicht genug zu verkaufen. Ob Du wirklich Interesse hast am Kunden oder nur am Vertrieb Deines Produktes interessiert bist. „Vertrieb vertreibt die Kunden", hörte ich vom Wirtschaftsjournalisten und Sprecher Karl Pilsl.

Egal, ob Du ein Auto verkaufst, eine Beratung oder eine Jacke: Das Wort „Verkauf", vielleicht ja sogar das Wort „Vertrieb", würde langsam mit einer großen Liebe und Freude gefüllt. Oder Du würdest ein anderes Wort verwenden. Gefühle wie Gier oder Existenznot hätten jedenfalls keinen Platz mehr darin.

Es setzt voraus, dass Du ganz bei Dir bist.

Haltung zum Geld

Was zeigt die Haltung zum Geld?

Wenn jeder Satz, jede Formulierung, wenn einfach alles in uns ausdrückt, dass Geld ganz schön knapp ist, dass wir immer aufpassen müssen, genug Geld zu haben, um über die Runden zu kommen – dann erschafft dieser Gedanke in uns eine Realität. Anscheinend ist das dann so für uns. Wir tragen das in uns und strahlen es gleichzeitig aus. Unsere Handlungen werden dem entsprechen.

Vielleicht verhalten wir uns dann eher misstrauisch – oder sind sehr vorsichtig, wenn wir etwas Neues beginnen, wagen lieber nichts. An einer Laden-Kasse werden wir vielleicht unachtsam oder unbewusst mit Geld umgehen. Vielleicht werden wir sogar mit einem unguten Gefühl bezahlen, weil wir das wenige Geld nun auch noch weggeben müssen.

Beobachte einmal die Menschen in einem Supermarkt: Was drückt ihre Haltung beim Bezahlen aus? Wie behandeln sie ihr Geld?

Ist unsere Haltung zum Geld positiv, vielleicht sogar freudvoll, so werden wir das Einnehmen oder Ausgeben von Geld anders erleben. Wir werden gerne an Geld denken, respektvoll damit umgehen und es mit Freude in Händen halten. Wir werden innerlich ganz geöffnet sein – und uns über neues, zusätzliches Geld freuen.

Kannst Du Dir vorstellen, dass die Haltung zum Geld wichtig ist, dass sie Auswirkungen hat auf Deinen Alltag, auf Deine Ergebnisse? Kannst Du Dir eine für Dich günstige Haltung zu Geld vorstellen? Wie könnte die aussehen?

Deine Haltung zum Geld hat zu tun mit Deiner Haltung überhaupt. Deine Haltung ist auch für andere sichtbar oder spürbar – sei es bewusst oder unbewusst. Sie drückt sich über vieles aus: über die Sprache, die Körperhaltung und anderes mehr. Du kannst sie nicht verbergen.

Du kannst auch Haltungen bei anderen beobachten – und dann beginnen, diese bei Dir selbst zu erforschen. Haltungen, die uns bei anderen oft auffallen, haben mit uns selbst zu tun.

Es stimmt, dass Geld manchmal wie eine Last erscheint, manchmal wie ein Leid, vor allem dann, wenn zu wenig davon vorhanden ist. Und wir Angst haben, in eine Existenznot zu geraten.

Es kann sich aber auch dann wie eine Last anfühlen, wenn sehr viel Geld da ist. Plötzlich ist die Verantwortung höher. Entscheidungen müssen getroffen werden. Ich habe das oft erlebt: Menschen kommen zu Geld und nach einer anfänglichen Freude entsteht ein leises Stöhnen darüber, was jetzt alles zu bedenken ist – oder zu regeln. Vielleicht steigt auch die Steuerlast oder die eigenen Ausgaben steigen an. Oder es entsteht der Eindruck, dass Geld zwar durchaus vorhanden, aber doch nicht genug ist. Oder es fehlt einfach ein positives Gefühl zum Geld – und damit Freude und Dankbarkeit, es zu besitzen. Oder es besteht gar die Angst, das Geld ganz oder teilweise wieder zu verlieren …

Es ist bei jedem anders. Und doch sind Anteile dieser Haltungen meist in jedem von uns. Deshalb kannst Du auch durch Begegnungen lernen: Wenn Dich in der Begegnung mit jemandem etwas stört, es Dir aber gelingt, das nicht gleich zu verurteilen. Du nimmst das, was Dich stört, zur Kenntnis, aber gehst dem nicht weiter nach, bewertest es nicht. Wenn Du andere dann besser verstehst, lernst Du automatisch in Dir selbst.

Wie bewusst bist Du mit Geld?

Deine Gefühle und Emotionen sind prägend für Deine Haltung zum Geld. Doch laufen diese oft unbewusst ab. Am Ende ist es vollkommen egal, ob bewusst oder unbewusst – es fließt direkt ein in Deine Haltung und in Dein Handeln.

Ein Selbständiger, der den Preis seines Produktes oder seiner Arbeitsstunde als teuer empfindet, wird sich nicht recht trauen, diesen Preis aufzurufen. Er wird sich innerlich „ducken“ und sich unwohl fühlen. Er denkt, der Preis ist zu hoch. Seine eigene Haltung, sein innerer Widerspruch, wird für andere sichtbar oder spürbar. Sie wird auch auf Kunden abstrahlen. Diese könnten damit in Resonanz gehen und die Leistung ebenfalls als zu teuer empfinden. Es kann auch passieren, dass einige Kunden den Wert der Leistung nicht anerkennen.

Bestandsaufnahme

Nimm Dir ein wenig Zeit für jede einzelne Frage:

Wie bewusst bist Du mit Geld? Wie erlebst Du es, wenn Du etwas ausgibst? Wie erlebst Du es, wenn Du etwas einnimmst?

Was ist Dein Gefühl zu Geld?

Wobei hast Du manchmal einen Krampf mit Geld – bist z.B. nervös, wütend oder ängstlich?

Wie ist Deine Haltung gegenüber anderen Dingen in Deiner Umgebung? Wie gehst Du z.B. mit Gegenständen um? Im Haushalt? Bei der Arbeit? Wie bewusst bist Du dabei?

Wie aufmerksam bewegst Du Deinen Körper im Alltag?

Nimmst Du ihn wahr – oder eher nicht?

Kannst Du, wenn Du an Geld denkst, über Geld sprichst oder wenn Du Entscheidungen triffst, gleichzeitig Deinen Körper spüren? Oder bist Du nur im Kopf?

Es ist uns im Alltag in der Regel nicht bewusst, welch große Wirkung unsere innere Haltung hat: auf unser Leben und unsere Situation mit Geld. Unsere Veränderungswünsche scheitern oft, weil wir gleich etwas im Außen tun wollen – ohne dabei unsere Haltung verändert zu haben.

Geldbeutel (Seite 208)

❧

Was für eine Haltung hättest Du gerne?

Dies ist eine Frage, die Du Dir so vielleicht noch nicht gestellt hast. Weil Du vielleicht dachtest, das wäre nicht wichtig und es immer nur darum ging

- wie viel Geld Du brauchst,
- welche Aktivitäten Du dafür unternimmst,
- wie Du Deine Schulden zurückzahlst,
- wie Du Dein Geld vor Steuern schützt oder
- wie Du es jetzt anlegst.

Doch wenn Haltung eine wichtige Rolle spielt: Welche Haltung wäre dann ideal?

❧

Haltung (Seite 209)

❧

Geld ist unschuldig

Wenn Menschen von der erdrückenden Macht des Geldes sprechen, so ist dies irreführend – ebenso der Ausspruch „Geld regiert die Welt“. Weil nicht das Geld aus sich heraus Macht ausübt, sondern sein Gebrauch durch Menschen: insbesondere dann, wenn

Menschen nur auf Basis gewöhnlicher Gedanken und Gefühle handeln – etwa aus der Gier nach „mehr“, der Angst vor Verlust oder der Idee, mehr sein zu wollen als andere.

Geld trägt keine eigene Willensabsicht in sich. Es ist völlig neutral. Geld ist erschaffen durch Menschen, durch menschliche Absicht.

Vermeide daher Aussagen wie: „Geld stinkt“, „Geld schafft Probleme“ oder „Geld ist schuld“. Es würde nicht stimmen. Das Geld kann nichts dafür. Es ist ein Instrument.

Eine negative Einstellung zum Geld kann Dich negativ beeinträchtigen. Sei daher wachsam. Bleibe für Dich in einer positiv-neutralen Einstellung zum Geld. Unterstelle dem Geld selbst keine negativen Absichten. Es hat keine. Das Problem beginnt, wenn Du Geld in Teilen negativ betrachtest, ihm unterstellst, es würde aus sich heraus Unterdrückung befördern. Das Problem beginnt, wenn Du so tust, als hätte Geld quasi menschliche Züge, eine eigene Handlungskompetenz. Dann erschaffst Du in Dir eine ungünstige Resonanz in Bezug auf Geld – auch wenn Du denkst, andere sind für Dein Leben verantwortlich, oder wenn Du Dich ohnmächtig fühlst. Das hätte zur Folge, dass Du negative Erfahrungen mit Geld leichter „anziehst“. Das wiederum würde Dich in Deiner Grundannahme, dass „viel Geld meist schlecht ist“, sogar noch bestätigen.

Deshalb ist eine neutral-positive Einstellung gegenüber Geld sehr wichtig – auch nichts in das Geld hineinzuinterpretieren, was mit Geld gar nichts zu tun hat. Geld ist ein Werkzeug. Es hängt ganz ab von dem, der es bedient.

Geld erleichtert unser Leben

Es wäre im Zweifel besser, wenn Du dem Geld positive Absichten unterstelltest, auch wenn Geld neutral ist.

Du könntest sagen: Die Grundabsicht des Geldes ist leuchtend und strahlend. Sie dient dem erleichterten Austausch von Waren und Dienstleistungen für die Menschen. Mit Geld müssen wir nicht immer genau das produzieren, was wir im Augenblick verbrauchen. Wir können uns auch dann etwas kaufen, wenn wir gerade nicht arbeiten, z.B. bei einem langen Urlaub. Wir können mit Geld schöne Dinge kaufen, die uns einfach gefallen, und so unseren Geschmack ausdrücken.

Hätte Geld eine eigene Absicht, so könnte man sagen: Die Urabsicht des Geldes ist rein. Die Grundabsicht von Geld ist vollkommen natürlich. Geld erleichtert unser Leben.

Ohne Geld wären die Dinge unnötig kompliziert und mühselig. Mit einem Geldsystem ist es möglich, dass wir uns praktische Freiheiten erschaffen. Diese können wir nutzen, um uns zu entwickeln, zu entfalten.

Wir können uns auch auf bestimmte Tätigkeiten spezialisieren, die uns besonders liegen. Wir können als Bäcker oder Lehrer in Deutschland arbeiten, uns darauf spezialisieren, und trotzdem einen Fotoapparat kaufen, der z.B. in Japan hergestellt wurde – von Menschen, die sich auf Fotoapparate spezialisiert haben. Über Geld ist der Tausch von Waren und Leistungen viel einfacher durchführbar.

Dadurch, dass jeder sich konzentriert auf das, was er kann und was er liebt, ist der Wohlstand insgesamt höher, als wenn jeder alles alleine machen würde (es würde dann wohl gar keine Fotoapparate geben). Arbeitsteilung heißt, wir teilen uns die Arbeit – sei es zwischen den Berufen, sei es innerhalb einer Stadt oder zwischen den Regionen dieser Welt. Durch die Arbeitsteilung können mehr und bessere Produkte entstehen, weil man sich konzentriert und so die Dinge konsequent weiterentwickeln kann.

Arbeitsteilung erfordert viel Austausch und Kommunikation. Geld hätte hierbei eine besondere Bedeutung: Geld wäre ein Mittel zur besonderen Wertschätzung anderer – insbesondere derjenigen, die eine bestimmte Leistung erbracht haben. Geld wäre ein Kommunikationsmittel, ein Träger der Liebe und der Anerkennung. Geld wäre Verstärker einer wertschätzenden Kommunikation zwischen Menschen. Das wäre die eigentliche Funktion des Geldes.

Unabhängigkeit

Unabhängigkeit

Wäre es denn vorstellbar, dass Du Dein Geld oder Deinen Besitz, so groß oder klein sie sein mögen, achtest und liebst – und doch gleichzeitig völlig unabhängig davon bist?

Vielleicht erscheint diese Frage abstrakt, und es ist noch schwierig, sich dem zu nähern. Aber es lohnt, den Fokus darauf zu richten und eine neue Einstellung zu dem zu gewinnen, was Geld für uns bedeutet – oder welche Bedeutung wir dem Geld innerlich einräumen.

Und es kann sein, dass eine neue Einstellung von Freiheit und Unabhängigkeit gegenüber dem Geld zur Folge hat, dass auch Deine praktischen Probleme mit Geld sich leichter lösen – sei es überhaupt etwas Geld zu besitzen, sei es vorhandenes Geld gut anzulegen, sei es den Geldfluss im Unternehmen besser zu steuern, sei es einen Streit um Geld beizulegen.

Viele Herausforderungen in Bezug auf Geld werden plötzlich leichter, weil Du innerlich nicht mehr so gebunden bist durch alte Muster und Vorstellungen. Du nimmst – in diesem Sinne – für Dich eine neue Position ein, die das Geld schätzt, aber nicht braucht.

Das ist viel besser als den Glaubenssatz einfach umzudrehen, z.B. „Geld ist mir nicht wichtig“ – oder einen Glaubenssatz gegen das Geld zu formulieren, Geld schlecht zu machen, in der Hoffnung, dadurch unabhängiger zu werden. Denn auch das hätte Auswirkungen: Natürlich ist Geld wichtig in der äußeren Realität! Wenn Du Dir ein Brot oder ein Flugticket kaufen möchtest, ist es günstig, wenn nicht gar unabdingbar, Geld dafür zu haben. Denn sonst wird man Dir diese Leistung nicht geben.

Wenn Du also denkst: „Geld ist nicht wichtig“, hast Du möglicherweise bald ein Problem.

Das ist scheinbar ein Widerspruch: Man braucht Geld. Aber brauchen soll man es nicht. Wie kann das gehen?

Wenn Du jemanden liebst, ist es von der Haltung her vielleicht nicht viel anders. Wenn Du in dieser Liebe seiend wirklich spürst, dass Du ihm oder ihr alle Freiheit der Welt schenkst, Dir selbst vertraust. Und Dein Geliebter oder Deine Geliebte sich dann frei bewegen kann und somit mehr sein kann, wer er oder sie wirklich ist. Dann kommt eine andere Dynamik ins Spiel der Liebe, als wenn jemand versucht, den anderen besitzen zu wollen – und alle Anfechtungen gegen diesen Besitz eindämmt: Vorsichtsmaßnahmen plant, den anderen nicht mehr alleine ausgehen lässt, ihn beschäftigt mit verschiedenen Dingen, so dass er oder sie immer da ist usw. Dann würde die Schwingungsenergie in der Kommunikation allmählich sinken, bis der Reiz und die Lust am Spiel mit dem anderen schließlich erlahmen.

Mit Geld ist dies nicht anders. Es hängt alles davon ab, mit welcher Haltung Du in Beziehung zu Deinem Geld trittst. Ob es ein Spiel wird, das Freude bereitet, das Lust auf mehr macht, oder ob es ein ewiger Kampf bleibt, ein Kampf, der nicht zu gewinnen ist.

Ist es sinnvoll zu sparen?

Ein wichtiger Punkt für viele Menschen ist die Rücklage von Geld.

Wie sinnvoll wäre das? Worauf kommt es dabei an? Viele fragen sich, ob es „in der heutigen Zeit“ überhaupt noch Sinn macht zu sparen.

Sparen dient dem Ausgleich von Geld-Einnehmen und Geld-Ausgeben – in zeitlicher Hinsicht.

Wenn Du etwas gespart hast, ist es, auf einer praktischen Ebene, leichter möglich, entspannt zu leben.

Sparen drückt den Wunsch aus, unabhängig zu sein vom Zeitpunkt der Einnahmen – also eine Entkoppelung zu schaffen zwischen dem Zeitpunkt der Einnahmen und dem Zeitpunkt, zu dem wir Geld ausgeben wollen.

Sparen bietet auch eine Möglichkeit, Anschaffungen zu tätigen, die größer und teurer sind als unser laufendes Einkommen das zulässt. Egal, ob Du nun für zwei Wochen in den Urlaub fährst, Dir ein Haus baust oder ein Unternehmen gründest: Ohne Ersparnisse ist dies schwer umsetzbar.

Sparen symbolisiert damit ein Streben nach persönlicher Unabhängigkeit. Es ist Ausdruck des Wunsches, frei zu sein in den eigenen Entscheidungen, in der jeweiligen Lebenssituation. Und es ermöglicht, ein größeres, äußeres „Spiel" haben zu können: Mit Ersparnissen haben wir neue Möglichkeiten, uns auszudrücken. Wir können Materie umsetzen, uns darin bewegen, Erfahrungen sammeln.

Hast Du genug gespart, kannst Du immer wieder neu entscheiden, worauf Du Lust hast, welches „Spiel" Du nun spielen möchtest – egal ob Du nun ein schönes Theaterstück siehst, Dir eine zweimonatige Auszeit nimmst oder über einige Jahre das Eigenkapital für eine Immobilie beiseite legst. Sparen birgt ein Potenzial.

Wenn Menschen beginnen, mit positiver Motivation auf ein langfristiges Ziel zu sparen, offenbart dies auch, dass sie Vertrauen haben, ihr Ziel zu erreichen. Sie gehen davon aus, dass sie weiterhin das nötige Geld für diesen Sparvorgang verdienen. Ihre Haltung und Selbstverständlichkeit erschafft dann eine neue Realität.

Rücklage

Welche Ziele und Wünsche würdest Du als lohnenswert erachten, dafür etwas zurückzulegen?

Wieviel sparst Du heute schon und wieviel würdest Du sparen wollen?

Angenommen, Dein Einkommen würde sich beliebig anpassen: Wieviel würdest Du dann monatlich zurücklegen? Und wofür?

Auch ererbtes oder geschenktes Geld ist erspartes Geld. Es ist genauso viel wert wie Selbsterspartes. Und es birgt das gleiche Potenzial. Dieses Geld oder Vermögen ist in anderen Generationen entstanden. Diese haben sozusagen vorgespart. Meist ist es wichtig für die Erben, sich praktisch wie innerlich damit zu beschäftigen, also einen guten Überblick und ein Gefühl für das Vermögen zu entwickeln. Es kann auch eine Aufgabe sein, mehr Verantwortung zu übernehmen oder überhaupt erst einmal Geld in Liebe und Dankbarkeit anzunehmen, unabhängig von den Umständen – oder sich trotz Geld weiter in positiver Bescheidenheit zu üben. Es ist also auf vielfältige Weise möglich, innerlich zu lernen.

Geld, das – auf legale Weise – „zu uns kommt“, haben wir uns „verdient“. Hätten wir keine Resonanz für die Situation gehabt, wäre das Geld auch nicht da.

Es gibt natürlich auch ein Angstsparen.

Menschen haben oft Angst, dass sie irgendwann einmal nicht genug Geld haben oder dass sie alles verlieren könnten. Und einige Menschen horten dann jeden Euro, geben möglichst nichts mehr aus. Solange die alten Speicherungen im menschlichen System nicht gelöst sind, die Haltung sich nicht verändert, hilft auch viel Geld nicht: Trotz des Sparens und trotz des angesparten Geldes kann die Angst dann bleiben. Sie kann sich sogar noch verstärken. Man fürchtet sich jetzt vielleicht mehr als früher, dass etwas gestohlen werden könnte etc.

Für einen „Angstsparer" oder eine „Angstsparerin" kann es günstig sein, mal etwas auszugeben und das richtig zu genießen – vor allem etwas, das man sich schon lange gewünscht hat und das keine praktische Notwendigkeit hat.

Andere Menschen sparen, weil sie in Erwägung ziehen, manchmal sogar fest davon ausgehen, dass sie „alt und krank" werden und dann vermutlich teure Hilfe brauchen. Solche Ziele bergen eine erhebliche Gefahr, denn es entstehen automatisch innere Bilder: Man sieht oder fühlt sich selbst alt und krank und auf teure Hilfe angewiesen.

Innere Bilder haben eine Tendenz, sich umzusetzen. Diese Bilder verbinden sich nun – in unglücklicher Weise – mit dem Sparziel. Ergebnis: Du hättest womöglich nicht nur das Geld zusammen, sondern auch Dein „Sparziel" erreicht.

Wenn Du schon etwas ansparst, dann tue es in einer positiven Haltung – und für ein positives Ziel!

Du kannst natürlich für „das Alter“ ohne weiteres etwas sparen, um dann später eine schöne Zeit zu haben und das Leben richtig zu genießen. Aber wenn Du sparst, dann spare gerne. Und spare vor allem nicht auf einen Zustand hin, in dem Du Dich als krank und bedürftig siehst. Am besten ist, Du erzeugst in Dir ein neues, kraftvolles Bild von „Alter“ – in dem Du eben Dich nicht als kränklich siehst.

Vielleicht ist das Wort „Alter“ ohnehin nicht geeignet, weil viele damit körperlichen Verfall oder andere Einschränkungen verbinden. Dann nimm lieber einen anderen Ausdruck: etwa „Nicht mehr arbeiten müssen (aber dürfen)“ – oder etwas anderes, das Dich motiviert, z.B. noch freier entscheiden zu können, was und wieviel Du dann arbeiten möchtest.

Einige Menschen wollen nicht sparen, um nicht so zu sein wie die, die aus Angst sparen oder aus einer Enge heraus sparen. Doch das wäre nur eine Furcht davor, so zu sein wie die, die immer gespart haben – die eigenen Eltern z.B. Die innere Frequenz des Nichtsparens oder des Ablehnens jeglicher finanzieller Planungen kann der des „Angstsparens“ ähneln. Sie drückt sich nur anders aus – in einer Ablehnung jeglichen Sparens.

Oder jemand denkt: „Es ist sehr hart und anstrengend, etwas zu sparen.“ Auch das erschafft eine innere Realität, die die Tendenz hat, sich umzusetzen, sich in der äußeren Welt auszudrücken.

Oder jemand denkt: „Wie gewonnen, so zerronnen." Solche Glaubenssätze können jegliche Sparbemühungen torpedieren. Vielleicht gelingt es der Person zwar, einiges zu sparen, aber dann geht das Geld auf irgendeine Weise wieder verloren.

Die Beispiele zeigen: Für Dein Gesamtergebnis ist nicht nur die Oberfläche der Dinge ausschlaggebend, also ob Du z.B. 10, 100 oder 1.000 oder 10.000 Euro pro Monat für etwas sparst, was Du Dir kaufen kannst etc.

Vor allem Deine innere Haltung zum Sparprozess ist wichtig, etwa die Art, wie Du Deine Ziele formulierst, welche Bilder Du damit verknüpfst, ob Du unter innerem Zwang entscheidest (egal ob für oder gegen das Sparen) oder ob Du innerlich wirklich frei bist in Deinen Entscheidungen.

Überprüfe für Dich, ob Du beim „Sparen" Zweifel hast, innere Widerstände, Gegengedanken. All das würde Dein Bemühen teilweise untergraben. Oder Du würdest gar nicht erst versuchen, etwas zurückzulegen.

Sparst Du also gerne etwas und freust Dich, dass es wächst? Freust Dich schon auf das, was Du eines Tages kaufen wirst?

Oder haderst Du mit dem Sparen? Denkst vielleicht, das bringt eh nichts. Oder denkst Du, jede Form einer Rücklage, z.B. Giro oder Tagesgeld, Bargeld im Briefumschlag, Rentenversicherung, Aktien-Fonds, Silber oder Gold, ist zu unsicher?

Beachte für Dich, wenn Du sparst oder wenn Du über Sparen nachdenkst, welche Haltung Du dazu hast.

Denkst Du an ein Angstsparen?

Oder an ein „Vertrauenssparen", wobei Du die Energie aussendest, dass Geld für die Sparraten auch weiterhin zur Verfügung stehen wird?

Und an ein Freiheitssparen, das Möglichkeiten eröffnet, auch größere Anschaffungen zu tätigen oder Deine Lebenssituation noch angenehmer zu organisieren?

„Zeit" spielt dabei für uns eine sehr wichtige Rolle. Würde Zeit aus irgendeinem Grund nicht mehr diese Bedeutung haben wie heute, so würde die oben beschriebene zeitliche Entkoppelung von Einnahmen und Ausgaben natürlich weniger wichtig. Dann bräuchte es keine Ersparnisse mehr – zumindest nicht mehr im bisherigen Umfang.

Das mag aktuell etwas abstrakt erscheinen. Aber wer weiß? Auch ein Versuch der Notenbanken, Sparen über negative „Realzinsen" extrem unattraktiv zu machen, schien vor wenigen Jahren vollkommen abstrakt, nicht vorstellbar.

Sollte es ab einem bestimmten Punkt nicht mehr lohnenswert erscheinen, Geld zu sparen, werden viele Menschen es lieber ausgeben – obwohl sie eigentlich ihre Ersparnisse bräuchten, um wirtschaftlich unabhängiger zu werden. Oder sie werden versuchen, ihre Ersparnisse einfach in anderer Form zu halten oder aufzubauen.

Widerstände wahrnehmen

Sind wir im Reinen mit dem Geld? Oder leisten wir noch Widerstand? Sind wir ausgesöhnt mit dem Geld? Auch mit den verschiedenen Formen, die Geld haben kann?

Es ist günstig, keinen Widerstand zu leisten und in Harmonie zu sein mit der Materie, die uns umgibt. Jeder Widerstand, den wir leisten, bremst unsere Geschwindigkeit, bremst unser Spiel.

Neulich las ich ein Interview mit einem Spitzenschwimmer. Dieser berichtete, wie unterschiedlich Wasser sich anfühlen kann. Dass er sich im Wettkampf auf jeder Bahn neu darauf einstellen muss, wenn er persönliche Bestzeiten schwimmen möchte. Wenn sich das Wasser für ihn perfekt anfühlt, dann gibt es weniger Widerstand und es geht einfach schneller.

Auch in anderen Sportarten gibt es dieses Phänomen: Der Schnee, der sich für den Skirennfahrer gut anfühlen muss, die Kordel des Speers, die sich perfekt in die Hand des Werfers schmiegen muss – das lässt sich mit klassischer Physik nicht vollständig erklären. Wenn sich das Element, in dem wir uns bewegen, oder das Gerät, mit dem wir Sport treiben, für uns fremd anfühlt, wir nicht richtig im Kontakt mit ihm sind, nicht eins mit ihm, dann sind auch keine Spitzenleistungen zu erwarten.

Verstehen wir das Wesen von Geld? Sind wir damit im Kontakt? Haben wir uns damit ausreichend beschäftigt?

Fühlt sich Geld für Dich gut an?

Oder bist Du bei der Frage eher gefühllos? Oder gleichgültig? Oder zwiespältig? Gibt es Widerstände?

Alle Widerstände, die wir innerlich mit Geld haben, bringen uns und unseren „Geldfluss“ in Schwierigkeiten. Vielleicht hältst Du, im Widerstand seiend, Deine Ziele oder Deinen Geldwunsch nun für unerreichbar. Widerstände bremsen eine natürliche, positive und gerichtete Energie.

Deshalb ist es günstig, keinen Widerstand zu leisten und in Harmonie zu sein mit der Materie, die uns umgibt – auch mit verschiedenen Formen von Geld.

Herkunft der Widerstände

Woher stammen diese Widerstände? Sie stammen nicht aus der Ebene des Seins, der Urkraft. Dort gibt es keine Widerstände.

Widerstände entstehen sehr oft über das gewöhnliche Denken. Man denkt, dass das Denken die höchste aller Tugenden ist: „Cogito ergo sum.“[2] Der denkende Bereich, der Intellekt, erfährt eine sehr hohe Wertschätzung. In der schulischen Ausbildung ist der Intellekt das höchste Gut.

2 Cogito ergo sum (lateinisch): „Ich denke, also bin ich.“

Gegen einen guten Intellekt ist auch nichts zu sagen. Hinderlich wird es erst, wenn eine gewisse Einseitigkeit entsteht.

Stell Dir einen Schwimmer vor, der von früh bis spät nur seinen Bizeps trainiert. Ein gut trainierter Muskel ist vielleicht nicht schlecht, aber alle anderen Muskeln würden im Training vernachlässigt, auch kein kilometerlanges Schwimmen mehr für die Ausdauer, kein „mentales" Fitness-Training mehr, keine gezielte Ernährung. Nur Bizeps-Training. Ein Schwimmer, der so trainieren würde, hätte zwar gewaltige Bizepse, würde den einen oder anderen damit beeindrucken können. Aber würde er damit Spitzenzeiten erreichen?

Dies passt auch auf den Bereich der Gedanken: Denken ist nichts Schlechtes. Aber alles über das Denken verstehen und planen zu wollen, beschränkt unsere Möglichkeiten erheblich. Gewöhnliche Alltagsgedanken bremsen die Geschwindigkeit. Sie bremsen Deine Geschwindigkeit im Sein. Wenn Du den ganzen Tag „im Kopf" bist, kommst Du nicht richtig in Fluss.

Urlaubstag

Stelle Dir einen schönen Urlaubstag vor, an dem es Dir gelungen ist, alles hinter Dir zu lassen. Du genießt das schöne Wetter und das Meer. Du fühlst Dich frei. Plötzlich denkst Du an Dinge, die zu Hause oder im Büro noch zu tun sind ...

Kannst Du Dir jetzt vorstellen, was es ganz praktisch bedeutet, wenn Dein inneres Fließen durch Gedanken gebremst wird? Vielleicht ahnst Du auch, wie schnell solche Gedanken da sein können – oft so schnell, dass wir es nicht kontrollieren können. Ein anderes Beispiel ist: Wir haben eine tolle Idee, einen schönen Impuls. Wir wissen in dem Augenblick genau: Ja, das würde funktionieren! Dann beginnen wir, über den klaren Impuls nachzudenken … Am Ende sagen wir vielleicht: Das ist doch zu schwierig. Oder unrealistisch.

Widerstände erschaffen Realität

Negative Gedanken und Gefühle entfalten starke Bremswirkung. Sie verändern die Situation, wenn wir ihnen nachgeben.

Wenn z.B. viele Menschen plötzlich Angst hätten, dass ab morgen alles Geld wertlos wäre, und sei es nur aufgrund eines Gerüchts, das für den Moment gar nicht stimmt: Würden da nicht viele Menschen noch schnell alles Mögliche kaufen? Wir hätten in einigen Bereichen vielleicht prompt Versorgungsengpässe, weil die meisten Läden nicht genug Ware haben, um den plötzlichen Nachfrageschub zu bedienen. Die Befürchtung vieler Menschen, nicht mehr genug zu bekommen, könnte die Situation dann noch weiter verschärfen. Es könnte zu Panik-Käufen kommen und eine echte Versorgungskrise entstehen.

Ob das Gerücht, dass man bald nicht mehr über sein Geld frei verfügen kann, nun stimmte oder nicht: Die Regale wären in jedem Fall leer.

Ängste und Widerstände (und nicht etwa eine „reale Ausgangslage“) haben am Ende eine neue äußere Realität und Situation geschaffen – hier z.B. eine Versorgungskrise. Diese wurde also erst erschaffen. Die äußere Situation wurde verändert über eine innere Bewegung bei vielen Menschen.

Es gibt keine Realität „an sich“ – außer im Intellekt („Es herrscht eine gute Versorgungslage“).

Was für eine Haltung hast Du zum Geld? Welche Gedanken und Gefühle fließen darin ein? Wo bist Du im Widerstand? Empfindest Du Dich als frei oder bremst etwas Deine Energie? Wenn etwas Deine Energie bremst, würde es reichen, wenn Du – in einem ersten Schritt – diese bremsende Energie erkennst.

NICHT DENKEN – BEOBACHTEN

Beobachte den Widerstand, erspüre ihn, denke nicht darüber nach.

Dein Gefühl zum Geld

Welche Auswirkungen haben Gefühle auf unsere Situation mit Geld, z.B. auf Einnahmen und Ausgaben, auf Vermögen und Verbindlichkeiten? Wie zufrieden sind wir in Bezug auf Geld? Was können wir tun, wenn in bestimmten Situationen negative Gefühle in uns ausgelöst werden? Wie können wir das verändern?

Denn wenn es stimmt, dass jeder Mensch eine bestimmte innere Schwingung hat in Bezug auf Geld, dann sind Gefühle ein sehr wichtiger Teil davon. Gefühle prägen in besonderem Maße unsere „Geldschwingung“. Wenn, in Bezug auf Geld, oft ungünstige Schwingungen in uns aktiviert werden, bewusst oder unbewusst, sind Probleme oder Konflikte mit Geld vorprogrammiert – ganz gleich welcher Art.

Gefühle und wie man sie unterscheidet

Es ist also wichtig, dass wir wissen: Welche Gefühle haben wir zu Geld?

Es gibt ganz verschiedene Gefühle:

Wenn wir 1.000 Euro gewinnen oder auf einen antiken Schatz stoßen, dann gibt das wahrscheinlich ein positives Gefühl. Eine Freude. Eine gewöhnliche Freude würde im Alltag bald wieder abebben. Unser „Grundgefühl“, also das was wir meistens erleben, stellt sich dann wieder ein.

Wenn das Geld mal knapp ist, was für Gefühle treten dann auf? Existenzangst? Die Furcht vor dem Untergang? Die Furcht, schlecht dazustehen vor anderen, das Gesicht zu verlieren?

Fühlen bedeutet, dass innerhalb unseres Systems eine Art Abtastprozess stattfindet. Das Fühlen an sich ist völlig neutral, weder „positiv“ noch „negativ“. Was abgefühlt oder abgescannt wird, sind frühere Erfahrungen und Ereignisse – positive wie negative. Diese sind in Form von Frequenzen in uns gespeichert. Wenn man, wie beschrieben, auf ähnliche Frequenzen trifft, und das passiert im Alltag oft, werden bestimmte Gefühle in uns stimuliert. Es ist ein automatischer Prozess, auf den wir erst Einfluss nehmen können, wenn unsere Konzentration ausreichend hoch ist.

Verschiedene Gefühle können sich derart übereinander legen, sich miteinander kombinieren, dass unser Verstand das nicht überblicken oder sortieren kann.

Das Gefühl kann ohnehin nicht denken.

Starke und spürbare „Gefühls-Zusammenballungen“ werden gewöhnlich als Emotion bezeichnet. Diese können positiv sein, negativ oder auch gemischt. In einer gewöhnlichen „Leidenschaft“ beispielsweise würden starke Frequenzen ganz unterschiedlicher Art gleichzeitig aktiviert – z.B. persönliche Liebe einerseits und Gefühls-Schmerz anderseits.

Emotionen können aber auch über gewöhnliche Gefühle hinausgehen. Sie können alle Ebenen, alle Empfindungsmöglichkeiten unseres Systems einbeziehen.

Das Wort „motion“ bedeutet „Bewegung“. Es geht also um eine (starke) Bewegung innerhalb unseres Wahrnehmungs-Systems. Die

Emotion übt eine große Kraft aus. Sie hat erheblichen Einfluss auf unser Handeln und Tun – auf unsere Ergebnisse.

Es ist daher auch wichtig zu wissen, dass es beim Fühlen unterschiedliche Niveaus gibt. Das gewöhnliche Fühlen kann sehr kleinkariert sein. Du kommst in einen Raum, siehst jemanden und er ist Dir unsympathisch. Irgendein altes Erlebnis wird über eine Person oder eine Situation in Dir „stimuliert". Das Gefühl tastet dieses Erlebnis blitzschnell ab. Es erfolgt in Dir eine automatische innere Reaktion: Du fühlst Dich unwohl – obwohl das mit der konkreten Person vielleicht gar nichts zu tun hat.

Es gibt aber auch ein „Fühlen" auf einer höheren Ebene, das nicht mehr gebunden ist an altes Erleben, also an die Speicherung alter Erlebnisse. Hier sprechen wir eher von „wahrnehmen".

Deshalb ist wichtig, stets zu prüfen: Aus welcher Ebene kommt das Gefühl? Ist es ein gewöhnliches Gefühl, z.B. ein Angstgefühl? Oder ist es eine Wahrnehmung?

Fühlt es sich gerade eher eng und limitiert an? Eher unruhig, stressig, aufgewühlt, ohne Kontrolle?

Oder empfinden wir aus einer Weite und Ruhe, mit einem gewissen Überblick?

Dein Grundgefühl zum Geld

Es gibt meist ein Grundgefühl, das Du im Alltag hast, auch in Bezug auf Geld. Daneben gibt es situationsabhängige Gefühle, z.B. nach einem Lottogewinn oder wenn uns Geld gestohlen wurde oder wenn ein unerwartetes Ereignis auftritt.

Als Erstes betrachte Dein Grundgefühl. Wenn Du möchtest, kannst Du die Übung „Grundgefühl“ anschließen.

GRUNDGEFÜHL I (QR SEITE 210)

Eine vielleicht schlechte Nachricht – entgegen dem, was landläufig zum Thema Gefühls- und Glaubensmuster geschrieben wird – ist: Du kannst Dein Gefühl nicht einfach ändern, indem Du vom Kopf her etwas Neues festlegst. Denn die Intensität des Gefühls schwingt ja weiter in Deinen Zellen. Und wenn es stark schwingt, ist die Kraft Deines normalen, linearen Denkens einfach zu gering, um das zu verändern.

Es ist ein bisschen, als würde jemand, der 200 kg wiegt, sagen, dass er bald ganz schlank sei. Oder jemand, der viel raucht, liest ein paar wissenschaftliche Studien über die Folgen des Rauchens und sagt dann: Nächste Woche hört er natürlich auf. Oder wir geben eine andere ungünstige Gewohnheit auf, die wir vielleicht schon über Jahre oder gar Jahrzehnte gepflegt haben – egal ob es sich um starken Zucker- oder Alkohol-Konsum handelt oder andere Dinge, die man glaubt, unbedingt zu brauchen.

Dein ganzes System und Dein ganzer Gefühlskörper wollen zunächst weiter in die alte Richtung. Es ist wie ein dickes Nilpferd, das gemächlich einem Fluss zustrebt, um sich zu erfrischen. Es sieht das Wasser und beginnt, seinen Lauf zu beschleunigen. Es will da hinein. Stell Dir vor, Du wolltest in diesem Augenblick dem Nilpferd klarmachen: „Nein, lauf jetzt wieder zurück, in die andere Richtung!" Vielleicht versuchst Du, es in die Richtung zu schieben. Aber was wird passieren? Das Nilpferd wird weiter auf den Fluss zulaufen, vielleicht sogar mit zunehmender Geschwindigkeit, denn es sieht oder riecht den Fluss. Mir wurde von Afrika-Touristen berichtet: Nilpferde können ziemlich schnell sein!

Durch einfache Beschlussfassung des linear denkenden Bewusstseins, das „Nilpferd" in eine andere Richtung lenken zu wollen, nach dem Motto: „Bisher habe ich wenig verdient, ab morgen verdiene ich viel, ich kremple die Ärmel hoch, und es wird schon funktionieren", dürfte das gewünschte Ziel nur in seltenen Fällen zu erreichen sein. Genauso bei ungünstigen Angewohnheiten in Bezug auf Geld. Weil die Sogkräfte weiter wirken – denk an das Nilpferd und den Fluss – und dabei sehr stark sind, weil Deine Gehirnbahnen und Gefühlsmuster auf eine bestimmte Art konditioniert sind, in einer eingefahrenen Weise funktionieren. Etwas, das Du vielleicht schon einige Jahrzehnte so gelebt hast, es vielleicht gar nicht anders kennst, das soll nun durch einen einfachen Gedanken, durch einfache Beschlussfassung schnell mal verändert werden können?

Man kann es natürlich versuchen, aber es funktioniert im Allgemeinen nicht besonders gut: einen „Glaubenssatz" – per gedanklicher „Beschlussfassung" – durch einen anderen, „besseren Glaubenssatz“ zu ersetzen. Zudem kann das normale Denken den normalen Gefühlen widersprechen. Wer hat das nicht selbst schon erlebt?

Das Denken kann sich auch in sich selbst blockieren – etwa durch einander widerstrebende Gedanken. Stell Dir vor, Du denkst, dass Geld im Grunde unmoralisch ist. Oder: „Wer richtig viel Geld hat, na ja, das ist immer so eine Sache – und wer weiß, was dahinter steckt.“ Oder stell Dir vor, Du denkst: „Wieso haben die so viel? Eigentlich steht denen das Vermögen gar nicht zu.“

Und gleichzeitig willst Du aber gerne mehr Geld besitzen. Wie soll das zusammen gehen? Die Gedanken sind ja einander entgegengesetzt. Es widerspricht sich. Und in der Summe gibt es keinen klaren Impuls. Es verändert sich dann nichts.

Die gute Nachricht ist: Es gibt durchaus einen Weg, fundamentale Veränderung in sich zu erschaffen. Auch die eigene Lebenssituation, etwa die Situation mit Geld, kann auf völlig neue Füße gestellt werden.

Voraussetzung ist, dass wir eine stärkere Kraft bemühen als die des normalen Denkens. Das Denken kommt gegen eingefahrene Gewohnheiten und automatisch entfachte Gefühle meist nicht an.

Es müsste idealerweise eine Kraft geben, die in Dir bereits vorhanden ist und Dir immer zur Verfügung steht. Diese Kraft sollte einer höheren Betrachtungsebene entspringen, aus der Du die Dinge besser erkennst, innere Konflikte löst und dadurch über mehr Wirkungspotential verfügst.

Es wäre somit eine Kraft, die ausreicht, Veränderungen durchzuführen, eine Kraft, die kreativ ist, eine Schaffenskraft.

Diese starke Kraft können wir bezeichnen als die Kraft des Seins. Oder als das Sein, das allem zugrunde liegt. Sie entspringt einer Tiefe, in der alles gut ist, weil Du bist. Weil Du bist, wer Du wirklich bist.

Wenn wir uns immer weniger mit der Schein-Realität unserer Gedanken und Gefühle identifizieren, sondern immer mehr mit dieser Kraft, so könnte man in einem Augenblick wirklich tiefen Gewahrseins formulieren: Ich bin diese Kraft. Ich bin das Sein, bin der Ursprung. Ich bin die Präsenz, in der es möglich ist, neu zu erschaffen, neu zu kreieren.

Worte stoßen hier an ihre Grenzen. Sie sind nicht so entscheidend. Wichtiger als Formulierungen zu finden, ist es, diese Kraft, diese Frequenz in sich spüren zu lernen.

Wenn wir in dieser Kraft sind, ganz präsent sind, beginnen sich die Dinge zu verändern. Unsere Gefühle, auch die negativen, sind zwar weiter da. Doch wir steigern uns da nicht hinein, zünden nicht ständig Dynamit, indem wir uns z.B. über irgendetwas immer wieder ärgern oder sehr traurig werden.

Wir nehmen eine andere Position zu diesen Gefühlen ein, lassen uns nicht mehr von ihnen vereinnahmen. Wir glauben auch nicht mehr, dass sie „wahr“ wären – und dass andere genauso fühlen müssten wie wir selbst.

Es ist, als könnten wir die Gefühle beobachten. Wir merken, dass wir sie haben, wir nehmen sie wahr. Aber wir sind sie nicht. Im selben Moment verlieren sie einen Teil ihrer unangenehmen und unmittelbaren Wirkung. Es gibt eine Erleichterung. Denn wir stecken nicht mehr fest im Automatismus. Durch das Beobachten aus dem Sein verlieren negative Gefühle ihre Dominanz.

Positive, aber oberflächliche Gefühle, z.B. „Hey, ich habe etwas Geld gefunden!“, bekommen mehr Tiefe.

Wir merken dann deutlich, dass bestimmte Situationen, in denen wir uns früher vielleicht aufgeregt oder enttäuscht reagiert hätten, plötzlich nicht mehr diese negative Resonanz in uns finden. Es ist, als ob die Situation nicht mehr diesen „Zugriff“ auf uns hat. Z.B. haben wir statt einem Gefühl der Enttäuschung vielleicht eher ein Empfinden wie: „Hmm, eigentlich schade… (aber es ist, wie es ist).“

GRUNDGEFÜHL II (QR SEITE 211)

Es ist selten ein One-Minute-Wonder! Meist verändert es sich Schicht für Schicht.

Situationsabhängige Gefühle

Es gibt natürlich neben diesem Grundgefühl noch viele weitere Gefühle, die in Bezug auf Geld auftreten können.

Manche Gefühle zeigen sich erst, wenn wir in ganz bestimmte Situationen kommen.

Wenn Du eine Straße entlangläufst und plötzlich vor Dir einen Bettler siehst – was ist Dein Gefühl? Würdest Du etwas geben? Wie entscheidest Du? Und wonach?

Wenn Du einen Kontoauszug ausdruckst und dann erkennst: Du bist in den Miesen – wie fühlt sich das an? Wie verändert sich Deine Schwingung?

Versuche nicht, das Gefühl nur wegzudrücken – außer es droht Dich zu überwältigen. Übe, wie oben beschrieben, in einer beobachtenden Position zu sein – nicht nur vom Kopf her zu betrachten, sondern aus einem Ganz-da-Sein.

Du könntest Dich auch fragen: Was liegt hinter meinem Gefühl? Gibt es für mich eine Botschaft, eine Information, etwas, das ich lernen kann?

Wenn im Alltag in bestimmten Situationen starke negative Gefühle in Dir hochkommen und Dir Energie rauben, können die Übungen im Buch (einschließlich der Links zu Hör-Übungen) oder auf der CD (siehe Fußnote 7) Dich unterstützen, dass Du wieder in Deine Ruhe und in Deine Kraft kommst.

Konto im Minus

Ein negativer Kontostand ist bei einigen Menschen ständig wiederkehrend, beinahe „systemisch“. Nach dem Motto: Wieso ist am Ende des Geldes noch so viel Monat übrig?

Ein Taxifahrer in Bernau bei Berlin berichtete mir vor einigen Jahren: Bis zum 15. des Monats würde sein Taxi immer eifrig genutzt. Abends von der Disco, nachts zur Kneipe, tagsüber nach Hause, wenn das Wetter gerade schlecht ist. In der zweiten Monatshälfte gehen die Umsätze drastisch zurück: „Ab dem 15. wird’s eng.“

Wenn die Einnahmen gerade sehr gering sind, ist es natürlich besonders herausfordernd, mit dem wenigen vorhandenen Geld auszukommen. Allerdings hängt ein negativer Kontostand nicht unbedingt vom Einkommen ab. Beispiele von „Promis“, die in erheblichen Finanzproblemen stecken, obwohl sie unglaublich viel Geld verdient haben, zeigen dies.

Innere Haltung und „Programmierung“ sind die wahrscheinlichen Ursachen. Die Folge ist oft ein Nicht-richtig-Hinschauen bei Guthaben und Schulden. Es fehlt die Präsenz für das Geld und die eigene (finanzielle) Situation. Daraus resultieren Fehleinschätzungen. Für ihre finanziellen Entscheidungen fühlen sich viele dann nicht richtig verantwortlich. Auch wenn das Kind schon in den Brunnen gefallen ist, sind oft andere schuld – oder die Umstände.

Frage Dich bei negativen Kontoständen: Was steht dahinter? Wovor laufe ich weg? Was will ich aufzeigen? Was kann ich aus der aktuellen Situation lernen? Was kann ich in mir lernen? Und was kann ich im praktischen Umgang mit meinem Geld lernen?

Sei im Falle einer kritischen finanziellen Situation nicht zögerlich. Ergreife die notwendigen Maßnahmen. Kommuniziere mit denen, denen Du Geld schuldest. Vor allem: Übernehme Verantwortung für das, was ist.

Neid, Missgunst

1995 arbeitete ich für drei Monate in Sofia, der Hauptstadt Bulgariens, an der Vorbereitung einer UNO-Umweltkonferenz. Und ich staunte immer wieder über die imposanten Autos allerneuester Bauart, die durch die Straßen fuhren. Ich erwähnte das irgendwann einmal einigen bulgarischen Kooperationspartnern gegenüber. Ihr Kommentar war eindeutig: Jeder der so ein Auto fährt, jeder der hier Geld hat, ist ein Verbrecher. Jeder!

Konnte das stimmen? Oder steckte hinter dieser Verallgemeinerung auch eine Portion Neid und Missgunst? Ich konnte die Lage in Bulgarien nicht wirklich überschauen.

Doch selbst in Deutschland ist es nicht immer gut angesehen, wenn man viel Geld hat. Wie reagieren Menschen darauf? Oft auch negativ: „Na, der muss es wohl haben!" Oder: „Wieso hat der denn so viel, da stimmt doch was nicht." Kennst Du das von Dir? Oder hast es bei anderen gehört? Manchmal ist es nur ein flüchtiger Gedanke, eine kurze Emotion.

Erlebst Du dann und wann, dass Neid oder Missgunst aufflammt in bestimmten Situationen?

Es hat Auswirkungen auf Dich und Dein Schwingungssystem – vor allem, wenn Du öfters solche Gefühle hast. Die ungünstigen Auswirkungen der Missgunst würden in Dir verstärkt, wenn Du zusätzlich bewertende und verurteilende Gedanken daran knüpfst: z.B. wenn Du jemanden, den Du beneidest, in Gedanken schlecht machst – ganz besonders, wenn Du das noch vor anderen aussprichst. Damit würdest Du Dir das Wasser abgraben. Es schiebt Dich weg vom Geld.

Gefühl von Chancenlosigkeit

Wenn Du die Idee hättest, dass Du kaum eine Chance haben wirst, viel Geld zu verdienen, und Du Dich gleichzeitig z.B. traurig oder resigniert fühlst, dann kann es wirklich schwierig werden mit dem Geldverdienen.

Und wenn mal eine Chance da ist, dann wird sie vielleicht schnell wieder vergehen. Oder Du reagierst zu langsam – denn Du traust dem Braten nicht.

Vor allem wirst Du Chancen und Möglichkeiten vermutlich einfach übersehen, weil Du ja gar keinen Fokus für sie hast. Du suchst UKW auf der Mittelwelle, das funktioniert nicht.

Den Selbstwert nicht erkennen

Wenn Du das Gefühl hast, Du bist es nicht wert, viel Geld zu verdienen, und selbst wenn Du nach außen noch so schneidig auftrittst, so wird ein Teil Deiner Ausstrahlung immer verraten, dass Du Dich gar nicht für das hältst, was Du vorgibst zu sein. Du wirst dann vielleicht viele Menschen treffen, die um den Preis feilschen oder die Dir einreden wollen, dass die Leistung, die Du erbringst, nicht gut genug ist. Du strahlst das Gefühl aus, nicht wert genug zu sein. Die Reaktion lässt dann oft nicht lange auf sich warten.

Natürlich kannst Du durch Willensstärke, gute Planung oder indem Du Dich beruflich noch mehr anstrengst, Dein Geldsystem in gewisser Weise verändern, z.B. mehr einnehmen oder auch weniger ausgeben. Aber das Problem ist: Das Fühlen, die Art der Schwingung in Deinen Zellen, wird dadurch nicht automatisch verändert – weil Du im Grunde immer noch glaubst, Du seist nicht wert. Vielleicht arbeitest Du jetzt doppelt so viel wie vorher und verdienst kaum mehr. Und hast weiter das gleiche, alte Grundgefühl, es nicht wert zu sein oder es nicht zu verdienen.

Selbst wenn es dann doch endlich einen zählbaren Erfolg im Außen gibt, so wird die Zufriedenheit vielleicht nicht lange andauern. Und das alte Grundgefühl wird sich wieder einstellen.

Verlust

Plötzlicher Verlust von Geld, etwa weil wir unser Portemonnaie verloren haben oder Geld an der Börse, kann verschiedenste Gefühle hervorrufen: Ärger, Wut, Trauer, Ohnmacht oder Hilflosigkeit.

Es gibt Menschen in Deutschland, die in ständiger Angst leben, dass sie ihr Geld verlieren. Und es scheint hierzulande fast eine Sehnsucht zu existieren, dass das Geld „sicher“ ist, dass es sicher angelegt werden kann: so dass auch wirklich nichts passiert – und dies obschon sich die Hinweise erkennbar mehren, dass es eine Sicherheit im Außen nicht gibt.

Es wäre günstig, wenn wir innerlich lernten, auch mit Verlust leben zu können. Vielleicht muss der eine oder andere sogar mal etwas verlieren, um so besser loslassen zu lernen.

Das bedeutet natürlich nicht, dass wir glauben sollen, dass wir etwas verlieren werden. Nein! Denn das wäre schon wieder eine ungünstige „Programmierung“.

Es bedeutet nur, an den Dingen nicht so zu hängen.

Ein weiser Spruch hierzu lautet: „Der ist ein reicher Mann, der alles, was er hat, ohne Leid verlieren kann.“

Gier und Furcht

Gerade auch als Investor oder Anleger wäre es von Vorteil, sowohl angesichts steigender Gewinne als auch angesichts drohender Verluste gelassen zu bleiben. Starke Verlustängste wären beim Anlegen von Geld nicht eben förderlich. Du bist dann nicht frei in Deinem Spiel, sondern gebunden an Erwartungen.

Ist Deine Konzentration und Präsenz hingegen hoch, so kannst Du Gier oder Verlustangst wahrnehmen, ohne eins damit zu werden, also ohne Dich mit diesen Gefühlen total zu identifizieren. Du beobachtest sie. Erkennst sie. Aber Du verlierst Dich nicht in ihnen. Du bleibst ganz wach. Deine Fähigkeit, freie Entscheidungen zu treffen, bleibt so ungetrübt.

Übung

Die Übung „Situationsgefühle“, die im Kapitel „Praktische Übungen“ beschrieben wird, hat zum Ziel, dass Du ganz bei Dir bist – und in dieser Haltung unterschiedliche Gefühle bewusst wahrnimmst. Du gehst den Gefühlen dabei nicht nach, sondern beobachtest sie nur. Du denkst auch nicht über sie nach. Im ersten Teil geht es um Gefühle, die einen eher negativ berühren, gerade auch im Zusammenhang mit Geld. Im zweiten Teil geht es um positive Gefühle und positive Seins-Qualitäten.

Wenn wir die Gefühle beobachten, aber dabei nicht bewerten, etwa über Gedanken, sondern sie einfach „stehen lassen“, sinkt ihre negative Intensität und Wirkung. Diese wird schwächer – und lenkt Dich weniger im Alltag ab. Deine Frequenz erhöht sich, die „Anziehungskraft“ für das, was Du Dir wirklich wünschst, kann so besser in Wirkung kommen.

SITUATIONSGEFÜHLE (QR SEITE 211)

Gewohnheiten durchbrechen

Alltagsgefühle, vor allem negative Gefühle, machen es schwer, alte Gewohnheiten zu durchbrechen. Es besteht eine automatische Tendenz, weiter in der „alten Realität“ zu verharren. Zumindest scheint sich dann wenig grundlegend zu verändern.

Trotzdem kann ein Sehnen nach Veränderung bestehen, das immer stärker wird. Ist es stark genug, so können plötzlich große Veränderungen auf uns zukommen. Aber wie gehen wir damit um? Vor allem wenn das innere Bewusstsein noch nicht ausreichend auf die äußeren Veränderungen vorbereitet ist?

Die Beharrungskräfte überwinden

Doch wie oft passiert es eigentlich, dass Menschen ihre innere Haltung zum Geld spürbar verändern? Wie oft passiert es, dass Menschen ihre Situation mit Geld völlig neu gestalten? Beispielsweise dass jemand, der sich und seine Leistung nie besonders wertschätzte, plötzlich ein tiefes Wertempfinden für die eigene Tätigkeit und für sich selbst hat. Dass jemand, der über lange Zeit wenig verdient hat, nun nachhaltig wirtschaftlich erfolgreich ist. Oder dass jemand, der Beamter, Angestellter oder Selbständiger war, ein Unternehmen kauft oder gründet – und als Unternehmer sein Einkommen vielleicht sogar vervielfacht. Oder dass jemand, der bisher viel hatte, sich entscheidet, mit sehr wenig auszukommen und dadurch neue Fähigkeiten erwirbt.

Sicher braucht es für all diese Dinge fachliches, also auch gedankliches Know-how. Dennoch ist die innere Haltung bei solchen Veränderungen ausschlaggebend: Sie kann nicht nur durch normalen fachlichen Unterricht ersetzt oder bewirkt werden.

Menschen scheinen sich in der Regel doch eher entlang einer gewissen Linie der Kontinuität zu bewegen und selten Grundlegendes zu verandern. Selbst mit anspruchsvollen Studien- und Ausbildungsabschlüssen bewegen wir uns meist in einer eher engen Spannweite unserer Möglichkeiten.

Alte Muster hindern uns, wirklich durchzustarten.

Muster können manchmal sogar über Generationen hinweg fortgesetzt werden. Und es ändert sich wenig.

Selbst wenn die Kinder das Gegenteil ihrer Eltern leben, so ist es manchmal nur eine andere Spielart des gleichen inneren Musters, der gleichen Schwingung mit Geld.

Wenn z.B. ein Elternteil sehr kleinkariert war mit Geld und jeden ausgegebenen Cent penibel dokumentierte, dabei jeden Abend eine halbe Stunde lang überlegte und stritt und nicht locker ließ, bis die letzten 20 Cent, die im Portemonnaie fehlten, aufgeklärt waren, so hat diese Schwingung einen Einfluss auf das Kind.

Wenn beim Kind ein ähnliches Muster besteht oder das Muster von den Eltern in Teilen übernommen wird, so kann es später entweder eine ähnliche Kleinlichkeit hervorbringen – oder zum scheinbaren Gegenteil führen: vielleicht zu einem etwas abenteuerlichen Umgang mit Geld oder zu völliger Kontrolllosigkeit in Bezug auf Geld.

Die darunter liegende Schwingung oder Frequenz kann jedoch sehr ähnlich sein. Sie äußert sich dann nur in anderer Form.

Die Möglichkeit, neu zu erschaffen, wird meist viel zu wenig genutzt. Man bleibt unter seinen Möglichkeiten. Viele Menschen essen ihr Leben lang „Pizza Margherita“, und sie probieren nichts anderes aus, weil sie sich fürchten, wenn sie etwas anderes essen als

„Pizza Margherita“, dass es ihnen nicht schmeckt. Aber anstatt etwas anderes zu probieren, bleiben sie bei dem, wie es ist. Sie wollen immer das gleiche Spiel spielen.

Es wäre schön, wenn wir unsere Spielart einmal verändern könnten und nicht nur immer „Pizza Margherita“ essen – von klein auf bis ins hohe Alter hinein. Es wäre schön, wenn wir zwischendurch mal „Pizza Hawaii“ essen oder einen schönen Salat, also neue Möglichkeiten erkunden, vielleicht auch mal etwas ganz anders essen – oder auch mal eine „Fastenkur“ machen für eine gewisse Zeit.

Anstatt dass Du immer genau das Gleiche tust, weil Du denkst, es kann gar nicht anders sein, wäre eine größere Experimentierfreudigkeit manchmal sehr zu wünschen: damit Du etwas lernen kannst über den Umgang mit Geld, über die verschieden Möglichkeiten im „Spiel“ mit Geld und über Dich selbst.

Du als Präsenz, als Urkraft, als „Sein“ möchtest erschaffen, Du möchtest Kreativität leben. Natürlich ist das individuell unterschiedlich. Für den einen ist es vielleicht sogar günstig, für eine bestimmte Zeit wenig Geld zu haben, weil er dadurch etwas lernen kann: beispielsweise mehr Demut oder einfach achtsamer mit dem Vorhandenen umzugehen. Oder sich weniger abhängig zu fühlen von den materiellen Umständen: loszulassen von der Idee, dass man dieses und jenes unbedingt braucht – also mehr auf das zu schauen, was wirklich ist.

Der Erfolg ist das, was folgt – auf einen inneren Prozess, auf eine innere Veränderung.

Wenn es um Geld und Vermögen geht, gibt es häufig folgendes Problem: Bei der Frage „Was würdest Du machen, wenn Du ganz viel Geld hättest?“ denken viele Menschen sofort an große Yachten, Häuser am Meer und einfach nicht mehr arbeiten gehen zu müssen. Doch kann es sein, dass dies vielen innerlich gar nicht so viel bringt – zumindest nicht das wirklich Erhoffte.

Andere hingegen beschränken sich in ihren Wünschen so sehr, dass sie sich gar nichts anderes vorstellen können als das, was sie im Augenblick schon leben. Da wäre es vielleicht gar nicht schlecht, mal von einer Yacht zu träumen!

Zwischen diesen Extremen liegt oftmals nicht viel. Es wäre günstig, dass Du wirklich schaust, was Du Dir als neues „Spiel“ für die nächste Zeit wünschst. Habe dann den Mut, dieses neue „Spiel“ mit Deiner ganzen Kraft und Ausdauer und Energie anzugehen.

Sei dabei kreativ. Denn wenn es um den Wunsch geht, einen Liebespartner, eine neue Beziehung zu finden, haben einige viel Phantasie und Vorstellungskraft. Man stellt sich eine Person vor, wie sie sein sollte. Man stellt sich vor, wie es sich dann anfühlen wird. Bei der Beziehung zu Geld endet die Phantasie oft schnell.

Im Geldbereich scheint es auch zu wenige echte Vorbilder zu geben – zumindest wird wenig darüber berichtet. Woran liegt das? Ein Milliardär oder ein mehrfacher Millionär ist wahrscheinlich dann spannend für einen Medienbericht, wenn er entweder mit seinem Reichtum protzt oder wenn er oder sie – trotz großen Vermögens – in Schwierigkeiten steckt. Schade ist, wenn diese Art von Milliardären oder mehrfachen Millionären dann die öffentliche Wahrnehmung prägen. Es kann dadurch sein, dass viele Menschen, bewusst oder unbewusst, großen Reichtum noch mehr ablehnen, diesen vielleicht sogar verurteilen – mit nachteiligen Folgen für die eigene Haltung und Frequenz und damit auch für die eigene Geldsituation oder die der eigenen Kinder.

Andererseits: Je mehr Du bei Dir bist, innerlich präsent, desto leichter wird es Dir fallen, Deine eigene Situation selbst zu gestalten. Vorbilder braucht es dann immer weniger.

Plötzlicher Reichtum

Wenn Menschen dann plötzlich sehr viel Geld verdienen oder besitzen, aber ihre innere Haltung dabei nicht verändern, laufen sie Gefahr, alles wieder zu verlieren.

Hart erwischte es zum Beispiel Lothar Kuzydlowski. An einem Samstagabend im August 1994 knackte der Sozialhilfeempfänger den Lotto-Jackpot. Die „Bild"-Zeitung nannte ihn fortan Lotto-Lothar. An seinem Goldkettchen baumelten die Buchstaben LLL: Lotto – Lothar – Lamborghini.

Er investierte, so wird berichtet, seinen fast 4-Millionen Mark-Gewinn nicht nur in schnittige Autos – auch in Feste, Pferde, Urlaube sowie Wodka und Dosenbier. Nach vier Jahren war ein guter Teil des Geldes verbraucht, seine Beziehung beendet und Lothar starb wenig später im Alter von 53 Jahren an Leberzirrhose.

Geld löst innere Konflikte nicht. Es verlagert sie nur auf eine andere Ebene. Die Konflikte sind weiter da, sie drücken sich nur anders aus.

Gleichwohl muss LLL auf seine Chance gelauert haben, wirklich an sie geglaubt haben – anderenfalls wäre er nicht bereit gewesen für den Lottogewinn. Er hatte das Nötige getan: den Lottoschein ausgefüllt, mit den richtigen Zahlen versehen und abgegeben. Er hat sich die Veränderung gewünscht – und hat seine Lebenssituation tatsächlich verändert. Es wäre sogar eine Chance gewesen, die innere Haltung nochmal ganz neu auszurichten – die neue Lebenssituation wiederum als Lernaufgabe für die eigene Entwicklung zu begreifen.

Du musst Dich beruflich nicht verändern, um Dich zu entwickeln. Du kannst in der gleichen Tätigkeit, in der gleichen persönlichen Lebenssituation bleiben – und den alten Herausforderungen neu begegnen. Du kannst immer wieder neue Aspekte erkennen – im Zusammenspiel zwischen Deiner Umgebung und Dir. Wie wäre das möglich?

Du kannst jeden Moment neu erleben, wenn Du gegenwärtig bist. Es gibt dann auch keine Langeweile mehr, zumindest nicht in Form eines eher negativen Gefühls. In der Gegenwärtigkeit bist Du wach und lebendig. Dann braucht es manchmal überhaupt keine äußeren Veränderungen. Du erlebst neu.

Sobald wir einen inneren Entwicklungsschritt vollzogen haben, wird sich ein Wechsel – egal in welcher Form – meist ganz natürlich einstellen. Wir bekommen dann z.B. neue Aufgaben angetragen. Oder es ergeben sich für uns neue Verdienstmöglichkeiten.

Damit unser „Spiel“ lebendig bleibt und wir weiter Freude haben, Kreativität verspüren, ist es wichtig, sich auf Veränderungen einzulassen. Diese stehen jedem Menschen automatisch offen, sobald er ganz bei sich ist, mit seiner Urkraft in Verbindung steht.

Ob es dann in der Lebenssituation zu größeren Veränderungen kommt, etwa ganz neue berufliche Schritte zu wagen oder mit deutlich mehr Geld umzugehen, ist Geschmackssache.

Aber es ist keineswegs unmöglich, auch äußerlich Neues zu erschaffen. Wer die Abwechslung liebt, kann, wenn er Freude daran hat, auch „mehrere Leben in einem Leben“ leben – warum nicht? Sobald wir die neuen Erkenntnisse in uns umgesetzt haben, ist wieder ein neues „Spiel“ möglich. Dieses kann (aber muss nicht) eine neue äußere Form haben.

Mut, Konsequenz, Durchhaltevermögen

Viele Menschen wünschen sich mehr Wohlstand.

Und die, die bereits relativen Wohlstand haben, haben wiederum andere Themen – sei es mit Geld oder unabhängig vom Geld.

Wünsche und Ziele zu haben, gehört zum Menschsein. Wir wollen leben in dieser Welt, wollen uns hier ausdrücken – wollen das, was wir an Möglichkeiten und Gestaltungspotenzial in uns tragen, umsetzen, uns dabei ausprobieren, spielen.

Die Setzung eines Ziels oder die Formulierung eines neuen Spiels erscheint dabei oft schwierig. Wir wollen ein neues Bild von uns erschaffen, z.B. andere Ergebnisse erzielen – oder noch präsenter sein. Aber ein ganzer Schwall von alten Bildern steht dem entgegen – alte Bilder von Dir selbst. Diese werden auch stark inspiriert durch Bilder und Vorstellungen, die ständig neu von außen an Dich herangetragen werden: von Bekannten, durch die Familie, am Arbeitsplatz, über Zeitschriften, Fernsehen oder Social Media. Es sind Vorstellungen darüber, wie man zu sein oder zu funktionieren hat, was gut ist und was nicht gut ist.

Ein Neubeginn ist manchmal wie eine zarte Blume in einen alten Urwald zu pflanzen. Wir müssen uns dessen bewusst sein. Um es überhaupt zu versuchen, dafür braucht es viel Mut. Um das Wachstum der Blume zu fördern, dafür braucht es Konsequenz. Um den Urwald nach eigenem Geschmack zu gestalten, die Blume dort überall gedeihen zu lassen, dafür braucht es Durchhaltevermögen.

Achte immer darauf: Was macht mir Freude, was inspiriert mich? Was erfüllt mich?

Wenn Du große Veränderungen erzielen möchtest, dann formuliere Deine Ziele und Wünsche möglichst direkt – und unabhängig von den äußeren Umständen, etwa Deiner aktuellen Lebenssituation: z.B. was Du aktuell verdienst, einnimmst oder ausgibst.

Versuche stattdessen – wie auf einer grünen Wiese – etwas Neues für Dich zu erstellen, eine neue Idee, ein neues Bild Deiner selbst.

Es kann auf dieser „grünen Wiese“ z.B. eine neue Pflanzung entstehen. Oder es kann ein neues Haus darauf gebaut werden. „Dein Haus“, Dein neues Bild, sollte aber nicht zum Ziel haben, andere zu beeindrucken, besser zu sein oder mehr als andere. Es sollte einfach günstig sein für Dich und Deine Entwicklung. Es sollte Dich dem näher bringen, wofür Du hier bist. Es sollte ein Haus sein, in dem Du Dich neu erfahren und ausprobieren kannst – eines, das Deine Lebendigkeit fördert, Deinen Ausdruck, Deine Kreativität.

Schaue dabei immer, um was es wirklich geht: Was ist Dein eigentlicher Wunsch, Dein eigentliches Ziel? Sei beim Erstellen des Bildes mutig und klar.

Das große Problem, das große Hindernis auf dem Weg zu mehr Geld, zu mehr äußerem Reichtum, ist für die meisten Menschen die Kapazität, sich eine neue Situation, einen neuen größeren Reichtum vorzustellen. Und zwar so vorzustellen, als wäre er bereits da.

Um dies zu tun, braucht es eine tiefe Bereitschaft, sich auf Neues einzulassen. Es braucht Mut und Konsequenz, diese Übung einfach durchzuführen – und auch dann nicht zu zweifeln, wenn sich der Erfolg scheinbar nicht sofort einstellt.

Die Bilder setzen sich über Dein Gehirn und über die Nervenstränge in Dir um. Die Informationen gehen durch Deinen ganzen Körper. Sie beeinflussen auch Drüsen und chemische Abläufe in Deinem Körper. Über die Bilder kannst Du eine Umprogrammierung in Dir vornehmen. Je häufiger und je intensiver Du diese neuen Bilder erschaffst, je mehr Raum diese neuen Bilder in Dir einnehmen, desto weniger Platz ist für die alten.

Sowie Du beginnst, vermehrt in diesem neuen Bewusstsein zu leben, neue Bilder zu erstellen, vor allem dann wenn Du diese Bilder richtig fühlen und spüren kannst, wird sich Dein Schwingungssystem verändern.

Du brauchst viel Durchhaltevermögen, weil Dein altes System, Deine alten Bilder sich gegen das Neue zu wehren beginnen. Dass Du dann nicht zurückweichst und denkst: „Oh … das wird wohl eh nichts.“ Sondern bereit bist, es auszuhalten, dass das Alte mit dem Neuen in Konflikt gerät. Das ist auch kein Wunder: Denn wenn Du Dich neu ausrichtest, ist das Alte in seiner Existenz bedroht. Oft „wehren“ sich die alten Muster gegen das große neue Bild, das Du von Dir erschaffen hast – von dem, was Du erreichen möchtest, wie Du sein möchtest, was Du haben möchtest.

Du erstellst Dir z.B. ein Bild von einem schönen Haus mit schönen Räumen, in dem Du wohnen kannst und glücklich bist. Doch Dein altes Gefühl, Deine alte Gewohnheit würde vielleicht sagen: „Ja, ja – das wäre wohl ganz schön, aber aus meiner Erfahrung heraus wird das mit dem Haus nie etwas werden.“ Und schon wären das Bild und seine Kraft erloschen.

Solch alte Haltungen, Denk-Muster und -Gewohnheiten passen nicht mehr zu Dir. Du brauchst also den Mut, alte Gefühle und Gegengedanken zu stoppen – und wenn sie kommen, sie einfach stehen lassen zu können.

Bist Du bereit, Deinen Traum zu leben? Bist Du bereit, Deinen Traum erst einmal zu träumen? Denn erst, nachdem Du ihn geträumt hast, vielleicht einige Male, kann er beginnen, in Dir zu leben. Deine innere Frequenz kann sich verändern und Deine äußere Situation kann der Veränderung folgen.

Träume (Seite 211)

Deine Gedanken über Geld

Bedeutung der Gedanken

Das Denken hat eine große Bedeutung. Denn es geht einer Handlung meist unmittelbar voraus. „Denke nach und werde reich“ heißt der Bestseller von Napoleon Hill aus dem Jahr 1937: Was wir denken, im Kleinen wie im Großen, scheint sehr bedeutend für unser Handeln zu sein – und damit für die Ergebnisse, die wir erzielen.

Daher ist wichtig: Welche Gedanken hast Du zum Geld? Was denkst Du über Geld? In welchen Situationen denkst Du besonders an Geld? Und was sind das für Gedanken?

Es beginnt schon damit: Wenn Du Geld in die Hand nimmst, z.B. um etwas bar zu bezahlen, oder wenn Du Geld vom Automaten abhebst: Was geht Dir in dem Moment durch den Kopf?

Falls Du Dir das grad nicht vorstellen kannst: Nimm Dein Portemonnaie, greife einige Scheine heraus und halte sie bewusst in Deinen Händen. Welche Gedanken gehen Dir durch den Kopf?

Beobachte Deine Gedanken von Zeit zu Zeit, ohne sie gleich zu bewerten. Sind es positive, dich fördernde Gedanken? Oder bremsen sie Dich?

Im Bus, in der S- oder U-Bahn oder auf der Straße kann man förmlich erkennen, wie Menschen vor sich hindenken: Es ist ein ständiger Fluss von Gedanken oder gedankenartigen Konstruktionen, die unser Gehirn beschäftigen – als wohnten wir an einer Autobahn, deren Lärm nie wirklich aufhört. Wir sind so gewöhnt an diesen Strom von Gedanken, an das gedankliche Beschäftigt-Sein, dass wir es meist kaum bemerken. Es erscheint uns völlig normal.

Doch hat es Folgen für uns: Was passiert z.B. ganz praktisch, wenn Du, in Gedanken seiend, immer nur wiederholst, was Du den ganzen Tag schon erlebt hast? Wie willst Du etwas verändern, wenn Du in Gedanken ständig nur wiederholst, was schon war?

Gedanken stimulieren innere Bilder

Mit dem Gedanken gehen vielfach innere Bilder einher. Oft ist es kaum merklich – und geschieht in Bruchteilen von Sekunden.

Wenn Du z.B. unzufriedene Gedanken hast, wenn Du uninspiriert und lustlos bist: Was für Gedanken und Bilder kommen dann in Dir hoch? Oder wenn Du ärgerlich bist über eine Person oder Situation?

Bilder übertragen sich automatisch auf Dein inneres System. Jeder bildhafte Gedanke wird in Dir eine ganz eigene Schwingung aktivieren. Diese entspricht genau der Qualität des Gedankens, den Du hast.

Oft ist das zugrundeliegende Ereignis längst vergangen, vorbei, nicht mehr existent. Dennoch wird Dein inneres System durch den Gedanken daran neu aktiviert. Da Vergangenheit ja nicht mehr existiert, muss das Erlebnis dazu als Frequenz in uns gespeichert sein.

Gleichzeitig kann es sein, dass sich beim Erinnern Frequenzen aus verschiedenen Erlebnissen miteinander vermischen. Ein Teil der Erinnerung wird quasi „neu erfunden“. Wenn wir dann noch über die Erinnerungen nachdenken, sie analysieren und bewerten, kann eine neue „Story“ zu einem längst vergangenen Ereignis entstehen – es ist offensichtlich, dass wir unseren „Erinnerungen“ nicht blind vertrauen können.

Man kann dies als „Gehirnkino“ abtun. Das ist es in gewisser Weise auch. Dennoch: Die Erinnerung und die dazu passenden Frequenzen beeinflussen aktiv Deine Lebensqualität im Jetzt – sie prägen damit Deine unmittelbare Zukunft, weil die Zukunft ja immer aus dem Jetzt entsteht. In anderen Worten: Du würdest die Zukunft durch die Brille der Vergangenheit betrachten – durch das „Gehirnkino“ Deiner Erinnerung.

Du willst in die unmittelbare Zukunft eintreten, aber trägst in Dir nur die alten Bilder und lebst in der alten Erfahrung. Das würde bedeuten: Du schöpfst Deine Zukunft aus der Vergangenheit.

Eine neue Zukunft würde es dann nicht geben können – höchstens eine „alte“ Zukunft.

Gewinnen wir keine Kontrolle über diesen Prozess, werden wir uns weiter mit Altem programmieren – in der vergeblichen Hoffnung, es könnte daraus etwas Neues entstehen.

Unsere Fähigkeit, wirklich neu zu erschaffen und neu zu gestalten, würde, gelinde gesagt, sehr begrenzt bleiben. Wir wären wie in einem Hamsterrad gefangen. Selbst wenn wir als Hamster dann die Umlaufgeschwindigkeit immer weiter steigern, vollzieht sich dadurch noch kein grundlegender Wandel.

Wie frei ist Dein Denken über Geld?

Es ist günstig, eine Idee davon zu haben, welche Qualität von Gedanken wir haben – gerade auch in Bezug auf Geld. Welche Bilder sind damit verknüpft?

*

Freiheit im Denken über Geld I (Seite 215)

*

Konntest Du spüren, welche Frische und welche Präsenz Deine Gedanken über das Geld bereits haben?

Je größer die Frische des Gedankens, desto weniger ist er an alte Erlebnisse gebunden. Je größer die Freiheit des Gedankens, desto höher ist die Zahl (1 bis 10).

Liegt die Zahl beispielsweise unter 7, so existieren Bindungen an das Geld, die Dich herunterziehen. Sie erschaffen Limitierungen im Bereich des Geldes.

Diese Limitierungen rühren aus dem denkenden Bereich her. Sie haben eine große Auswirkung darauf, wie frei Du Dich innerlich empfindest.

*

Jede Unfreiheit, die Du verspürst, ausgelöst durch einen Gedanken über Geld oder Umstände mit Geld, ist eine Unfreiheit in Dir. Du bekommst sie gespiegelt über die Art der äußeren Situation, der Situation mit Geld, über Deine Gedanken und Gefühle dazu.

Wenn Du beispielsweise denkst, es ist nie genug Geld da, dann passiert etwas in Dir. Dieser Satz, „Es ist nie genug Geld da, es ist immer Mangel“, kann sich in Deinem System ausbreiten. Du kannst ihn vielleicht sogar körperlich spüren.

FREIHEIT IM DENKEN ÜBER GELD II (QR SEITE 216)

Gedankengefühlegedanken

Wenn wir also negative Gedanken haben über das Geld und sich diese negativen Gedanken vielleicht noch verbinden mit negativen Gefühlen, so sinkt automatisch die Schwingung unseres Systems: Es ist, als würden wir Energie verlieren. Und es wird dann sehr schwer, wirklich Reichtum zu erschaffen – im Innern wie im Außen. Es ist wie eine Last, die uns hindert, abzuheben, wirklich frei zu sein.

KÖRPERWAHRNEHMUNG

Nun nimm Dich noch einmal wahr in Deinem Körper. Wie fühlst Du Dich (1 bis 10)?

Das, was Du jetzt wahrnehmen kannst in Deinem Körper, mag sich vielleicht nicht prickelnd und enthusiastisch anfühlen, sondern z.B.

eher gedämpft oder nachdenklich. Hierbei kannst Du deutlich wahrnehmen, wie Gedanken und Gefühle sich miteinander verknüpfen können – wie z.B. Gedanken passende Gefühle anziehen. Und umgekehrt. Du kannst erkennen, wie ein Gedanke ein Gefühl hervorbringt, das der Schwingung des Gedankens entspricht: Z.B. schöne Gedanken ein schones Gefühl und nicht so schöne Gedanken ein weniger schönes Gefühl.

Wirkung von Neid und Arroganz

Wie Du über das Geld der anderen denkst, hat mit Deiner eigenen Haltung zu Geld zu tun.

Beobachte deshalb, wie Du über das Geld anderer denkst.

Gedanken über das Geld anderer (Seite 216)

Du kannst vielleicht feststellen, dass sich diese Bewertungen in Bruchteilen von Sekunden vollziehen: mit einer Geschwindigkeit, die sich einer Kontrolle entzieht, zumindest einer Kontrolle durch Gedanken.

Glaube nicht, dass dann, wenn Du nichts hast (oder gerade so viel hast, dass es reicht zum Leben), z.B. Arroganz für Dich kein Thema sein kann. Dass arrogante Gedanken über Geld nur dann entstünden, wenn das Vermögen groß wäre.

„Geld verdirbt nicht den Charakter, sondern bringt ihn zum Vorschein“, lautet ein Sprichwort.

Über Geld wird die Arroganz nur anders sichtbar oder erhält eine andere Form, einen anderen Ausdruck. Auch mit sehr wenig Geld kann man sich unter Umständen bei arroganten Gedanken erwischen.

Wenn Du viel Geld hast, trittst Du dann manchmal auch besonders fordernd auf, „wissend“, dass andere sich um Dein Geld mühen müssen – oder dass Geld und Macht Dir jetzt ein anderes Gewicht gibt?

Wirkung negativer Nachrichten

Achte auch auf Gedanken, die von außen an Dich herangetragen werden. Sie haben die Tendenz, Dein System zu stimulieren. Sei besonders achtsam bei negativen oder „kritischen“ Gedanken: Sie können Deine Energie verringern. Es zieht Dich dann plötzlich irgendwie runter und Du weißt gar nicht warum. Etwas macht Dich z.B. wütend und aggressiv – oder traurig und ohnmächtig.

Durchbrich die automatische Reaktion Deines Systems. Achte vor allem bei negativen Nachrichten, etwa zu drohenden Finanzkrisen oder Kriegen, darauf, dass Du nicht in diese kollektiven Gedanken und Gefühle „einsteigst“. Es raubt Dir die Kraft. Es bringt Dich nicht weiter.

Und es löst auch nicht die Probleme derer, über die berichtet wird, wenn wir nur vor dem Fernseher auf der Couch sitzen und uns über diese Welt aufregen.

Vielleicht sogar im Gegenteil: Je negativer kollektive Gedanken und Gefühle sind, umso schwerer kann es manchmal sein, positive Veränderungen einzuleiten.

Probiere das für Dich einmal aus. Nimm eine Nachrichtensendung im Fernsehen oder im Hörfunk – oder die Berichterstattung im Internet: Welche Meldungen machen Dich ärgerlich? Oder aggressiv? Welche Meldungen machen Dich traurig? Oder vermitteln Dir gar ein Gefühl von Ohnmacht? „Da kann man ja eh nichts machen …“ Oder: „Es ist alles so schlimm.“ Notiere Dir kurz zwei bis drei solcher Meldungen. Spüre die Auswirkungen in Dir. Nimm wahr, wie sich Deine innere Frequenz mit der Meldung plötzlich verändert.

WIRKUNG NEGATIVER NACHRICHTEN (SEITE 218)

Mangelgedanken

Das Empfinden von Mangel ist zunächst unabhängig davon, ob Du viel oder wenig Geld verdienst. Es fußt vielmehr auf einer inneren Schwingung von Mangel. Diese geht, wie beschrieben, in Resonanz mit ähnlichen Schwingungen im Außen – oder mit Anteilen solcher Schwingungen in anderen Personen.

Versuche einmal, mit einem griesgrämigen Gesicht in einen Laden zu gehen, um einen Kaffee zu kaufen. Schaue so griesgrämig wie nur möglich. Versuche Dich so richtig übellaunig zu benehmen. Und beobachte, wie der Verkäufer oder die Verkäuferin reagiert. Danach tue das Gleiche mit einer positiven Ausstrahlung (idealerweise in einem anderen Laden). Frage oder kaufe etwas in einer Haltung wacher Präsenz. Tue es mit Fröhlichkeit, Lebendigkeit und Menschenzugewandtheit. Du wirst sehen, die Reaktion ist – sehr wahrscheinlich – eine andere.

Es kann sein, dass Du viel Geld verdienst oder verdient hast und dennoch Mangel empfindest. Der Mangel wird sich dann vielleicht nur in bestimmten Bereichen oder bei bestimmten Aspekten zeigen. Wenn Du relativ vermögend bist und über ein gutes Einkommen verfügst, aber Dein Konto ständig überziehst, so könnte dies ein Hinweis sein, dass Du einfach achtsamer sein darfst mit Geld. Und es könnte ein Hinweis sein, dass Du lernen darfst, noch mehr in Dich zu vertrauen, noch mehr in Deine eigene Fülle zu gehen – Dich öfters darin zu erleben, Dich ganz anzunehmen. Bis es soweit ist, wird sich dieses innere Mangelgefühl oder dieser Mangelgedanke auch in anderer Form zeigen, etwa in der Partnerschaft oder bei schwierigen Gesprächen.

Wir können somit lernen anhand dessen, was uns im Außen begegnet – vor allem dann, wenn wir nicht anderen die Schuld geben: wenn wir nicht „die Umstände“ als verantwortlich sehen, sondern uns fragen: „Hey, was kann ich daraus für mich lernen? Was fordert diese Situation von mir? Welche Fähigkeit kann ich jetzt besonders stärken?“

Wir „gehen“ gleichzeitig nach innen, betrachten die Situation, wie sie gerade ist. Die „Lösung des Problems“ liegt meist in uns selbst. Wir haben es in der Hand.

Mangel als Motivation für mehr Leistung?

Es kann z.B. auch sein, dass Du trotz guter Einnahmen den Eindruck hast, immer wieder bei null zu stehen, oder immer wieder um Deine Einnahmen kämpfen zu müssen. Vielleicht „motiviert“ Dich das sogar in gewisser Weise. Denn Du musst jetzt kämpfen, um zu siegen. Es scheint Dir Antrieb und Motivation zu verschaffen. So wie auch viele meinen, sie könnten nur unter äußerem Druck leistungsfähig sein.

Das Gedankenmuster mag in der Praxis auch lange Jahre irgendwie „funktionieren“. Aber der Preis ist hoch. Du fühlst Dich immer wieder müde und leer. Brauchst ständigen Druck – oder Stimulation durch äußeren Erfolg.

Es wäre günstig, solche Gedankenmuster rechtzeitig zu erkennen – auch um den Körper und das Nervensystem auf Dauer nicht auszulaugen.

Knifflige Entscheidung

Ein ganzes Wochenende lang, gegen Ende meiner Schulzeit, hatte ich mir über eine Frage den Kopf zerbrochen: Sollte ich nach dem Abitur eine der angebotenen Ausbildungen beginnen und erst danach studieren? Oder sollte ich ein Praktikum machen und gleich studieren? Ich hatte mir viele Gedanken gemacht und für beide Möglichkeiten alle Vor- und Nachteile aufgeschrieben. Es waren mehrere Seiten, eng beschrieben. Es half mir, einen besseren Überblick zu erlangen, doch es gab keine klare Lösung: Mir schien das Ergebnis 50:50 zu sein.

Ich wusste, ich musste jetzt eine Entscheidung treffen. Aber wie? Nach welchen Kriterien? Wie sollte ich all die gedanklichen Überlegungen (es waren auch einige gefühlsmäßige Punkte darunter) gegeneinander gewichten? Ich dachte nach, doch es erschien mir vollkommen unlösbar. Ich legte das Papier beiseite und machte erst einmal eine Pause.

Als ich mich wieder ransetzte, war mir plötzlich klar: Ich könnte jetzt noch mehr nachforschen, noch mehr Argumente für das eine oder andere finden, ohne dass es am Ende die Entscheidung erleichtern würde. Vielleicht waren ja beide Lösungen am Ende gleich gut? Ich entspannte mich spürbar bei diesem Gedanken. Das würde bedeuten, ich machte keinen Fehler, egal was ich entscheide: Ich bin völlig frei.

Ich ließ innerlich los und schaute von meinen Listen auf. Plötzlich wusste ich einfach, was ich tun werde: Praktikum plus Studium! Es fühlte sich jetzt ganz einfach und leicht an. Die Entscheidung war durch.

Je mehr Du über die Dinge nur nachdenkst, desto schwieriger ist es, Entscheidungen für Dein Leben zu treffen. Ja, es ist manchmal gut, Dinge auch zu durchdenken – insbesondere wenn ein Sachverhalt kompliziert ist. Aber irgendwann musst Du den Absprung finden von Deinen Gedanken.

Es ist wichtig loszulassen. Dann ist die Entscheidung kein gedanklicher Prozess mehr. Sie kann sich jetzt frei formen: aus der Summe all der Aspekte, die wichtig sind.

In Zeiten großer Umbrüche kann es auch zu tiefgreifenden Veränderungen im Geldsystem kommen. Egal, ob diese Umbrüche nun auf Naturphänomene zurückzuführen wären oder auf menschengemachte Umstände. In Deutschland und Europa konnte man solche Währungsveränderungen unter anderem nach dem 2. Weltkrieg, nach der Wiedervereinigung oder mit der Ausweitung der Haftung für andere EU-Länder beobachten.

Und vielleicht ahnst Du, dass wir uns wieder mitten in einem solchen Umbruch befinden – dass unter Umständen vieles von dem Geld, das heute noch auf Konten oder in anderen Formen angelegt ist, von den Umbrüchen in irgendeiner Form erfasst sein wird.

Geld ist nichts Statisches. Es wandelt sich dynamisch mit den veränderten Einschätzungen. Auch die Kaufkraft des Geldes kann dabei unter Umständen stark steigen oder fallen. Die Kaufkraft des Euro in Deutschland hat in den letzten 15 oder 20 Jahren für viele Produkte stark abgenommen: Man bekommt z.B. für einen bestimmten Geldbetrag heute viel weniger Gold, Aktien oder stadtnahen Wohnraum als früher. Vieles, was sehr teuer geworden ist, fließt in die offizielle Statistik nicht ein – manches (wie höhere Mieten in vielen Städten durch höhere Immobilienpreise) geht, vereinfacht gesagt, erst mit einiger zeitlicher Verzögerung in die Statistik ein.

Die Teuerung kann auch individuell sehr unterschiedlich sein. Ein Selbständiger mit mittlerem Einkommen beispielsweise, der keinen Arbeitgeberzuschuss für steigende Krankenversicherungsbeiträge erhält, dabei aber einen Bausparvertrag abgeschlossen hat, um für sich und seine Familie eine stadtnahe Immobilie kaufen zu können, hatte möglicherweise in den letzten Jahren eine persönliche Teuerung (für Krankenversicherung und Kauf einer Immobilie), die deutlich über der statistischen Teuerung lag. Umgekehrt gibt es natürlich auch andere persönliche Situationen, in denen die Teuerung der letzten Jahre geringer war.

Unter bestimmten Umständen können Vermögensanlagen auch „verschwinden", etwa wenn Schuldpapiere nicht mehr bedient werden und dann vom Gläubiger abgeschrieben werden müssen.

Natürlich können wir versuchen, in jeder Situation kluge Entscheidungen zu treffen. Eine gute und gründliche persönliche Finanzplanung wäre, aus gedanklicher Sicht, eine ausgezeichnete Grundlage. Wir können viele praktische Fehler vermeiden, die wir ohne eine solche Planung vielleicht begehen würden. Wir können uns damit Ärger ersparen und manchmal auch viel Geld. Eine gute Finanzplanung schafft Übersicht aus einer gedanklichen Ebene. Das ist hilfreich. Und sie gibt Hinweise für das eigene Sparverhalten, für mögliche Verwendungen unseres Geldes sowie den Umgang mit Risiken wie Krankheit, Tod oder Trennung.

Doch sollten wir uns, wie im ersten Kapitel beschrieben, keiner Illusion hingeben: Geld und Vermögen können niemals all die Sicherheit bieten, die wir uns für unser Leben so sehr wünschen.

Die Kaufkraft unseres Geldes und unserer Ersparnisse oder gar die äußere Stabilität des Geldsystems hängen immer ab von der Summe der Einschätzungen. Diese können sich verändern. Manchmal dauert das lange. Manchmal geht das sehr schnell.

Es ist sinnvoll, von Zeit zu Zeit die eigenen Finanzen zu überprüfen und diese entsprechend der persönlichen Ziele und Vorlieben zu planen – ohne allerdings dabei der Illusion zu verfallen bzw. die feste Erwartung zu hegen, äußere Umstände wären langfristig planbar und sicher.

Denn wenn die Umstände dann nicht so eintreffen wie gedacht, fühlen wir uns vielleicht verunsichert, enttäuscht oder betrogen. Dabei haben wir uns vielleicht nur getäuscht – in Bezug auf das, was wir als sicher angesehen haben.

Was bliebe ohne Geld?

Um dies etwas zuzuspitzen, frage Dich, worüber Du Dich definieren wirst, wenn das Geld, das Du einst besaßest, einfach nicht mehr vorhanden ist – und Deine wirtschaftlichen Ziele untergegangen sind.

Geld verschwunden I

Lasse diesen Gedanken einmal kurz zu und spüre, wie es wäre, wenn das Geld verschwunden ist.

Tue dies jetzt.

Es geht nicht darum, dass Du auf Dein Geld nun verzichten sollst. Es geht auch nicht darum, dass Du nicht viel mehr Geld verdienen oder haben dürftest als derzeit – im Gegenteil! Es geht auch nicht darum, dass Du Dein Geld jetzt zum Fenster hinaus wirfst, weil es Dir „eh nicht so sicher“ erscheint.

Nein. Es geht nur darum, innerlich unabhängiger und freier zu werden und dass wir unsere Sicherheit nicht ständig in etwas suchen, das *per se* gar nicht „sicher“ sein kann. Es geht nur darum, dass wir den Sinn unseres Lebens nicht so sehr mit dem Vorhandensein von Geld verknüpfen, uns total mit unserem Wohlstand identifizieren.

Es wäre auch vor diesem Hintergrund günstig, sich nichts einzubilden, nur weil man aktuell mehr Geld und Vermögen besitzt als andere. Frage Dich:

GELD VERSCHWUNDEN II

Was bliebe übrig von Dir, wenn Du kein Geld mehr hättest. Wenn Dein Vermögen verschwunden und Deine Einnahmen versiegt wären?

Was würde übrig bleiben von Deinem Lebenskonzept, von Deiner Idee, um was es im Leben geht? Was würde übrig bleiben von Dir?

Würdest Du Menschen anders begegnen als bisher?

Würdest Du dieses Leben dann noch als lebenswert empfinden?

Würden andere Aspekte und Ziele für Dich in den Vordergrund rücken?

Es zeigt Dir, wie unabhängig Du innerlich schon bist von Geld und Besitz.

Positiv denken als Lösung?

An Positives zu denken wäre eine Möglichkeit, um negativen Gedanken und Gefühlen Einhalt zu bieten.

Es bräuchte allerdings eine unglaubliche Disziplin, um die automatischen negativen Gedanken ständig durch positive zu ersetzen.

Und die Frage wäre, ob sich durch dieses Übermalen des Schimmelflecks auf der Tapete wirklich der Schimmel löst, er verschwindet, oder ob er unter der neuen Farbe immer wieder hervortritt.

Außerdem besteht die Gefahr, dass Du Dich mit „altem Positiven" beschäftigst, mit Dingen, die längst vorüber sind, und damit wieder eine Anbindung an die Vergangenheit schaffst. Altes Positives ist sicher besser als altes Negatives. Aber es ist auch alt.

Das zutiefst menschliche Bedürfnis ist jedoch, Neues zu kreieren und nicht an den alten Dingen zu hängen.

Auch ein leckerer Kaffee ist irgendwann ein kalter Kaffee. Und der Geschmack verbessert sich nicht, wenn Du ihn immer wieder aufwärmst.

Umgang mit Erbe, Lotto, Insolvenz

Plötzlich mehr Geld zu haben kann zu mehr Problemen führen, oder, positiv ausgedrückt, mehr Geld führt dann zu mehr innerem Lösungspotenzial: Es fordert und forciert die eigene Entwicklung – wir müssen lernen, mit neuen Gedanken und Gefühlen umzugehen, die dann hochkommen.

Ein Lottogewinn oder ein Erbe ist eine große innere Aufgabe. Der Lernprozess erstreckt sich meist über mehrere Jahre. Und er ist nicht unbedingt so leicht, wie man meinen könnte.

Ein großes Erbe, aufgrund dessen man nicht mehr arbeiten muss, kann sogar die Sinnfrage aufwerfen. Bisher musste der Erbe rackern und schuften wie alle anderen auch. Plötzlich entfällt diese Notwendigkeit und Motivation für sein Leben völlig. Was tritt an die Stelle?

Aber auch andere plötzliche Veränderungen, die unsere wirtschaftliche Situation betreffen, fordern uns, alte Vorstellungen und Denkmuster aufzugeben.

Ich hatte einen Bekannten, der große Fähigkeiten im Verkauf besaß. Sein größter eigener Wunsch war, finanzielle Freiheit zu erreichen: nicht mehr arbeiten zu müssen, aber einen sehr guten Lebensstil zu führen. Durch seine Verkaufserfolge, den geschickten

Einsatz von Krediten für Aktienoptionen, die über Jahre im Wert stiegen, wurde sein Traum eines Tages wahr. Er war mehrfacher Millionär und kaufte sich ein riesiges Haus. Er kaufte es auf Kredit, obwohl er es einfach hätte bezahlen können. Denn dadurch konnte er die Aktien weiter behalten und auf noch mehr Gewinn hoffen. Als alles endlich erreicht war, erkannte er die drohende Gefahr nicht. Oder er wollte sie nicht wahrhaben: Die Aktien und Aktienoptionen begannen, an Wert zu verlieren. Als das Unternehmen plötzlich in öffentliche Kritik geriet, beschleunigte sich dieser Wertverlust. Der Bekannte reagierte viel zu spät und verlor einen großen Teil seines Vermögens. Das eigentliche Problem war jedoch, dass die Bank die Kredite mit seinen Aktien abgesichert hatte. Die Aktien verloren nun immer weiter an Wert, während die Kredite in voller Höhe bestehen blieben. Die Banken wurden unruhig. Wenige Zeit später war er insolvent.

Es war, von außen betrachtet, wie in einem Albtraum: Von einem zweistelligen Millionenvermögen in die Insolvenz. Dabei lag es weder an seiner Schaffenskraft noch lag es an fehlenden Informationen – etwa über die Firma, in die er investiert hatte. Auch fehlende Kenntnisse über finanzielle Zusammenhänge – wie vermutlich bei vielen Promi-Insolvenzen – waren nicht der Grund. Der Bekannte kannte sich gut aus. Dennoch: Jemand mit eigentlich sehr kühlem Kopf hatte das scheinbar sichere Gebäude seiner materiellen Existenz zum Einsturz gebracht. Wie war das möglich?

Da spielte sicherlich vieles rein. Das Konzept beruhte offensichtlich auf unzutreffenden gedanklichen Annahmen: die Prognose künftiger Aktienkurse war viel zu optimistisch. Nicht-loslassen-Können vom alten gedanklichen Konzept lähmte die Entscheidungsfähigkeit. Persönliche Anteile, die seinen wirtschaftlichen Aufstieg einst befeuerten, vielleicht auch eine Gier nach mehr, ein Immer-gewinnen-Wollen, standen ihm jetzt im Weg. Er hatte nicht gelernt zu verlieren. Er hätte seine Aktien ja durchaus noch rechtzeitig verkaufen können – Zeit dafür war genug. Er hätte eine Zeit lang sogar noch Gewinne verbucht. Aber er hielt zu lange an den alten Überlegungen fest – und hoffte wohl, dass die Kurse wieder stiegen. Irgendwann, nachdem die Kurse noch weiter gefallen waren, überwog vielleicht die Angst vor Verlusten. Und so geriet er immer mehr in eine Schieflage.

Innere Präsenz als Lösung?

In wirklicher Präsenz sind wir gegenwärtig, hellwach. Dadurch kommen wir in eine innere Ruhe, lassen uns weniger ablenken von gewöhnlichen Gedanken und Gefühlen des Alltags – wie Gier oder Furcht. Lassen uns auch weniger ablenken von einer nicht mehr existierenden Vergangenheit oder einer ebensolchen Zukunft. Wir sind bereit, ganz loszulassen – auch von allzu festen Meinungen und Konzepten. Wir werden einer Weite in uns gewahr – eines inneren Freiraums, eines Freiraums, der im Grunde immer da ist.

Wir dürfen überhaupt die Idee loslassen, dass wir ständig denken müssen. Das ist ein wesentlicher Unterschied gegenüber dem Zustand, in dem wir uns im Alltag meist befinden – und in dem wir getrieben sind durch automatische Gedanken. Der große Unterschied ist, dass unsere Präsenz nun das Denken nutzt – und lenkt. Das Denken lenkt sich nicht mehr selbst.

Ein wichtiger Weg, um in diese Präsenz zu „gelangen“, ist, gegenwärtig zu sein. Nur in der Gegenwart sind wir ohne Ablenkung und dadurch in der Lage, eine Situation ganz zu erfassen – sie im Jetzt neu einzuschätzen. Wir können dann tun, was getan werden muss.

Wie entstehen neue Gedanken?

Wenn Du neue Gedanken kreieren möchtest über Geld, wenn Du überhaupt neue Gedanken kreieren möchtest, „neu denken“ möchtest, ist es wichtig, dies aus einer Ebene heraus zu tun, in der wenig Altes besteht: Wenn Du ein neues Haus auf ein Grundstück bauen möchtest, ist es erforderlich, das alte Haus zunächst abzureißen.

Denn wirklich neue Gedanken können nur dort entstehen, wo nichts ist. Sie können nur dort entstehen, wo keine alten Gedanken-Gebäude existieren. Denn diese würden ja verhindern, dass wirklich neue und frische Gedanken Platz finden.

Es geht in erster Linie um die Fähigkeit, sich dieses freie Baufeld selbst zu erstellen – einen Freiraum zu schaffen, damit überhaupt Neues entstehen kann: Es ist das Nichts, in dem wirklich Neues entsteht.

Solange wir mit unseren Gedanken und Gefühlen ständig in der Vergangenheit sind, ist niemals „Nichts“. Es ist immer irgendetwas. Wir müssen die Gedanken, die ständige innere Reflektion von Vergangenem stoppen. Wenn dies gelingt, sind wir wieder „ganz da“, wirklich anwesend. Weniger Denken ist meist mehr.

Einfluss von Zeitlosigkeit

Während einer Beratung bemerkte ich, dass sich das Denken der Kundin viel in der Vergangenheit abspielte und dass sie das Schwung und Energie und ihre Lust am Leben kostete. Ich sprach das an, worauf sie sagte: „Ich muss doch genau über alles nachdenken, was nicht gut gelaufen ist, oder? Damit ich überlegen kann, wie es besser geht." Ich fragte sie, ob sie sich nicht an eine Situation erinnern könnte, in der sie verliebt war oder in der sie einfach innerlich im Fluss war und ihr buchstäblich alles gelang – wo die Zeit wie stehengeblieben erschien. Ich fragte: „Musstest Du da viel nachdenken?" Die Antwort war: „Nein, überhaupt nicht, ich wusste einfach, was zu tun ist." Es war alles einfach. Zeit schien gar nicht mehr zu existieren. Sie spielte keine Rolle.

Je mehr Du verbunden bist mit Deiner inneren Präsenz – desto weniger spielt Zeit die entscheidende Rolle. Du musst Dir weniger Gedanken oder Sorgen machen um Zeit. Für den Alltag ist es das Beste, so viele zeitlose Momente wie möglich zu erleben: Momente zu erschaffen, die außerhalb der Zeit liegen.

Denn dadurch bekommt das Leben eine Wendung. Es wird einfacher. Es gibt weniger Frust, und es entsteht ein viel leichterer Zugang zu dem, was Du wirklich haben möchtest – Geld, eine erfüllte Partnerschaft usw.

Der Zugang zur Welt der Form, also zur materiellen Welt, fällt leichter, wenn Du zwischen Zeit und Zeitlosigkeit wechseln kannst – oder sogar beide „Zustände" gleichzeitig erleben kannst. Dies wurde in frühen Veröffentlichungen oft als „Flow"[vi] bezeichnet.

Zeit und Zeitlosigkeit zu kombinieren mag zwar etwas eigenartig erscheinen, doch ist es das nicht: Wenn es einen Raum gibt, braucht es normalerweise eine bestimmte Zeit, um diesen Raum zu durchqueren. Die gewöhnliche Realität findet in Raum und Zeit statt: Wir fahren von A nach B, wir haben einen bestimmten Beruf, haben Geld usw. Nicht nur körperliche Gegenstände gehören zur Ebene von Raum und Zeit, sondern auch alle Arten von messbaren Frequenzen (z.B. elektromagnetische Schwingungen). Gedanken und Gefühle sind zwar vielleicht nicht direkt messbar, doch hinterlassen sie ebenfalls messbare Spuren in Raum und Zeit. Und sie halten uns in Raum und Zeit. Mit einem Gefühl von Langeweile kann eine Schulstunde ewig dauern …

Innere Präsenz hingegen liegt außerhalb von Raum und Zeit. Sie ist – mit etwas Übung – eindeutig erfahrbar, aber messbar ist sie nicht. Das gleiche gilt, wenn wir ganz gegenwärtig sind und dabei Raum und Zeit „vergessen". Die Uhr liegt innerhalb von Raum und Zeit: Sie tickt natürlich auch dann weiter, wenn wir ganz im Flow sind, außerhalb von Raum und Zeit. Doch wirst Du die normale „Realität" dann als leichter empfinden, Du wirst beginnen, sie mehr als ein Lern- oder Spielfeld zu betrachten.

Das Zusammenspiel zwischen Zeit und Zeitlosigkeit funktioniert völlig automatisch.

Die Art unseres „Vorausplanens" verändert sich durch dieses Bewusstsein zeitloser Präsenz: Man denkt z.B. viel weniger darüber nach, was denn als Nächstes und Übernächstes genau zu tun und zu beachten ist, was alles schief gehen könnte etc. Es ergibt sich vielmehr wie von selbst: Du weißt einfach, was zu tun ist.

Wenn Du in dieser Art von Zeitlosigkeit lebst, dann ist das wie das Fahren mit Automatikgetriebe. Du musst nicht mehr darüber nachdenken, welchen Gang Du jetzt einlegst.

Du nutzt das gewöhnliche Denken nur dann, wenn es wirklich benötigt wird. Das macht das Leben leichter.

Die Veränderung der Gedanken durch Fülle

Über den Zustand der Gegenwärtigkeit wird sich die Qualität unserer Gedanken verändern. Die Schwingung unseres Potenzials wird (spürbar) höher. Wir empfinden mehr inneren Freiraum.

Anders ausgedrückt: Wir können Gedanken verändern – indem wir in die Fülle gehen!

Automatisch verändern sich unsere Gedanken! Weil wir uns nicht mehr so stark mit alten Erlebnissen identifizieren, weil wir nicht mehr darauf beharren, dass unsere Meinung stimmt, dass wir recht haben.

Wenn wir einen Zustand der Fülle erleben, empfinden wir innere Weite, fühlen uns wohl. Wo Fülle ist, gibt es keine wirklich negativen Gedanken. Fülle und negative Gedanken schließen sich aus. Wenn Du viele negative Gedanken hast, fehlt es Dir an Fülle.

Fülle ist eine innere Seins-Qualität. Wir erreichen sie, indem wir uns nach innen konzentrieren: Du kannst innerhalb Deines gesamten Körpers Fülle wahrnehmen. Wenn Du z.B. in einer beruflichen Sitzung bist und Du fühlst Dich eher unwohl oder angespannt, könntest Du Dich nach innen, auf Deinen Körper konzentrieren. Du spürst z.B. Deine Füße und Beine kraft Deiner eigenen Konzentration. Wenn diese stark ist, entsteht eine Art Kribbeln oder Pulsieren in den Beinen oder auch einfach ein Empfinden von Fülle. Selbst wenn die Sitzung Dir dann weiter unproduktiv erscheint oder anstrengend, leidest Du weniger darunter. Es stört Dich nicht mehr. Es kann manchmal sogar sein, dass die äußere Situation sich auch weniger schwierig gestaltet – insbesondere wenn mehr als ein Teilnehmer oder eine Teilnehmerin es schafft, während der Sitzung im Kontakt zur eigenen Fülle zu bleiben. Sitzungen wären anders als viele sie heute erleben.

Je stärker und stabiler der Zugang zur Fülle ist, desto weniger machen uns die äußeren Umstände etwas aus. Wir werden zunehmend unabhängig von ihnen. Unabhängig bedeutet hier, dass wir innere Fülle auch dann leben können, wenn die Umstände nicht ideal erscheinen. Innere Fülle macht uns unabhängiger von der äußeren Situation, die wir antreffen.

Erfülltes Leben

Was ist ein erfülltes Leben für Dich?

Kannst Du Dir vorstellen, dass Du es in einer für Dich schwierigen Situationen schaffst, trotz der äußeren Umstände in innerer Fülle zu sein? Kannst Du Fülle wahrnehmen – oder in Dir einfach visualisieren?

Wie wirkt sich innere Fülle aus auf Dein Denken?

Wie wirkt sie sich aus auf Deine Gedanken zum Geld?

Neutrales Beobachten

Und was, wenn wir einmal nicht in Fülle sind, nicht in Fülle kommen? Wenn im Alltag Sorgen da sind oder immer eine gewisse Anspannung spürbar ist? Wie wäre es in einem solchen Moment möglich, dass wir unsere Gedanken verändern?

Indem wir einfach beobachten! Du kannst einen Stopp machen, indem Du in Dir gedankenlose Präsenz „erzeugst". Du nimmst wieder Deinen Körper wahr, über aktive Konzentration, und spürst mehr gedankenlose Präsenz.

Das heißt: Du bist fokussiert, aber eben nicht aufgrund gedanklicher Anstrengung auf ein äußeres Ziel. Du bist einfach – dabei ganz wach und aufmerksam. Und kommt jetzt ein positiver Gedanke, hat dieser plötzlich mehr Inspirationskraft in Dir – und mehr Tiefe als ein normaler Alltagsgedanke.

Sollte jetzt ein negativer Gedanke kommen, so hat dieser weniger Schwere in Dir – er lenkt Dich weniger ab. Es ist, als ob Du den Gedanken von einer anderen Ebene aus beobachten kannst.

Wenn wir ganz da sind, wach und aufmerksam, können wir einen aufkommenden Gedanken neutral betrachten – also ohne ihn gleich zu bewerten und weiter analysieren zu müssen: Ohne zu glauben, unser Gedanke wäre nun der einzig „Richtige", also ohne uns total mit unserem Gedanken zu identifizieren.

Im Moment der Betrachtung oder des Erkennens kann es beginnen, dass der Gedanke sich positiv verändert, zumindest leichter schwingt. Oder er hört ganz auf.

Wenn Du es schaffst, einen Gedanken in dieser Weise zu beobachten, anstatt Dich in ihm zu verlieren oder Dich von ihm wegtreiben zu lassen, merkst Du plötzlich, wie wenig „normales Denken“ es braucht.

Was bedeutet „neutral“? Einen Gedanken, der aus einer tiefen inneren Präsenz herrührt, würde man vielleicht eher als „neutral“ empfinden: Er ist nicht automatisch verbunden mit Assoziationen an alte Erlebnisse. Das heißt: Durch ihn werden die in uns gespeicherten Frequenzen oder automatischen Reaktionsmuster nicht unmittelbar aktiviert.

Ein Gedanke, der in dieser Weise entsteht, der aus dem Sein kommt, ist ein Gedanke, der nicht um sich selbst kreist. Er hat nichts sich Wiederholendes. Er hat nichts Anhaftendes. Wir können ihn in seiner freien Bewegung spüren und beobachten. Es lastet nichts Schweres auf ihm. Ein solch präsenter Gedanke ist vollkommen lastenfrei.

Hier können wir die Kette der Wiederholungen von Erlebtem und Gelebtem unterbrechen. Wir beginnen, eine neue Zukunft und eine neue Realität zu erstellen.

Äußerer Wohlstand und innere Fülle schließen sich nicht aus. Warum nicht beides haben? Frage Dich daher:

> INNERE FÜLLE
>
> Wie wäre es, wenn Du vollen Zugang zu Deiner inneren Fülle hättest – und gleichzeitig viel Geld?

Du hast jetzt die Möglichkeit, für Dich neue Gedanken zum Geld zu kreieren – Gedanken, die eine neue Dynamik in Dir entfachen, neue Möglichkeiten in Dir eröffnen.

> NEUES BILD
>
> Was würdest Du Dir kreieren wollen? Wie würdest Du Dich sehen wollen in einem neuen Bild Deiner selbst?

Ein neues Denken über Geld ist wenig gebunden an altes Erleben. Es ist frei. Wenn wir ganz gegenwärtig sind, entspringen unsere Gedanken einer Klarheit und Kreativität. Das ist spürbar.

Und: Wenn Du solch „kreative Gedanken“ für Dich formulierst, gerade auch wenn sie Dir sehr „groß“ oder außergewöhnlich erscheinen, kannst Du über die Wahrnehmung stets prüfen, ob ein Gedanke doch nur dem gewöhnlichen Alltagsbewusstsein entsprang – oder ob er wirklich „kreativ“ ist, und eine positive Kraft der Veränderung in sich birgt.

Es ist eine Frage der Konzentration und des Trainings, um erkennen zu können, ob ein Gedanke wirklich stimmig ist (er also eine tiefere Wahrheit für Dich besitzt) oder ob er nur einer gewöhnlichen Motivation entspringt (etwa mehr haben zu wollen oder besser zu sein als andere).

Wohlstand I (Seite 219)

Für viele ist es nicht leicht, ein Bild von äußerem Wohlstand mit einem wirklich positiven Empfinden zu verbinden und dies so zu visualisieren. Manchmal fehlt die Konzentration und die Entschlossenheit. Oder ungünstige Gedanken kommen auf, die das Bild und seine Wirkung in uns wieder zerstören. Dazu gehören zweifelnde und skeptische, neidische oder resignierende Gedanken. Beispielsweise: „Na wer weiß, ob das wirklich so gut ist?“ „Will ich das auch?“ „Oh so ein Mist, dass ich das jetzt nicht habe.“ „Das werde ich wohl nie erreichen.“ „Na die haben es gut, die das haben.“ „Was mache ich hier eigentlich für eine Übung: Das wird doch eh nichts.“

Lass Dich nicht ablenken von solchen Gedanken. Sie sind nicht „wahr“. Sie sind ein reiner Automatismus – auf der Basis alter Erlebnisse.

❧

Wohlstand II (Seite 219)

❧

Wann immer die alten Gedanken auftauchen, rufe Dir das Bild in Erinnerung. Kehre zurück zu einem positiven Empfinden von Wohlstand. Gib nicht auf – niemals.

❧

Entschlossenheit (Seite 218)

❧

Wenn die Konzentration hoch ist und die inneren Bilder kraftvoll sind, werden wir sehr schnell in Situationen geraten, in denen wir die notwendigen Fähigkeiten erlernen können, welche wir für große Veränderungen brauchen. Dabei geht es um die Aufgabe ungünstiger Haltungen sowie um den Erwerb praktischer Kenntnisse: Wenn auf dem Weg Dinge zu verändern sind, dann müssen wir sie auch verändern – das betrifft Gewohnheiten, Handlungsweisen und die Art, wie wir mit anderen kommunizieren. Indem wir bereit sind, diese Lernaufgaben zu meistern, werden wir Schritt für Schritt vorbereitet für größere Veränderungen.

Deine Wertschätzung

Den meisten Menschen fällt es schwer, ihr Geld zu lieben: es zu lieben nicht aus Bedürftigkeit, Angst oder Gier (nach dem Motto: „Ja, ich liebe es, aber nur, weil ich es brauche!“), sondern aus tiefer Dankbarkeit und Wertschätzung. Warum ist das so schwer?

Hinzu kommt: Menschen besitzen ihr Geld oder ihr Vermögen nur für einige Zeit, meist nicht länger als einige Jahrzehnte. Wenn der Mensch stirbt, endet sein Besitz in dem Augenblick. Man kann den Besitz nicht mitnehmen. Der Besitz geht dann auf jemand anderen über.

Wieso ist es dann überhaupt so wichtig, sich über Liebe und Wertschätzung zu Geld Gedanken zu machen? Wieso ein ganzes Kapitel diesem Thema widmen? Was wäre denn die Folge einer mangelnden Liebe und Wertschätzung zum Geld?

Von was für einer Liebe sprechen wir hier? Was genau ist Wertschätzung und welche Wirkung hat sie in uns? Was genau ist „Wert“? Wie schaffen wir es, Wert noch mehr zu schätzen? Wer (oder welcher Anteil in uns) „schätzt“ den Wert?

Die Wertschätzung, die Du an den Tag legst oder zu der Du fähig bist, ist ein Gradmesser Deiner Entwicklung, aber auch eine Art Zugangspforte zu mehr Erkenntnis. Wenn Du – Schritt für Schritt – Deine Fähigkeit wertzuschätzen erhöhst, wird diese zu einem Wegweiser – auch für mehr Qualität bei der Umsetzung Deiner Projekte. Denn je mehr Du in der Lage bist, andere wertzuschätzen, Dein

Geld wertzuschätzen, Dich selbst wertzuschätzen, desto mehr bist Du automatisch verbunden mit Deiner eigenen Kraft – und hast Zugang zu dem, der Du wirklich bist.

Wie beim Partner so beim Geld

Wenn Du mit Deinem Partner oder Deiner Partnerin in gegenseitiger Liebe, Wertschätzung und Anerkennung lebst, wirst Du spüren, dass alle Themen des täglichen Lebens leicht und problemlos gelöst werden. Du wirst merken, dass viele Probleme gar nicht erst entstehen.

In dem Moment jedoch, da Du von dieser positiven Spannung und liebevollen Frequenz ablässt, endet die Verbundenheit mit Dir selbst – und auch die mit Deinem Partner. Das Leben wird kompliziert.

Wenn Du Dich unverstanden fühlst, und dann auch noch beginnst, die Dinge vom Kopf her zu analysieren, sie gegeneinander zu diskutieren, wird es besonders schwierig.

Natürlich ist Geld kein Lebewesen. Dennoch ist dies bei Geld nicht anders. Je höher Deine Frequenz, Deine positive Spannung im Umgang mit Geld, je liebevoller und lebendiger Deine Beziehung zu Geld, je bewusster Du in diesem Sinne bist, umso leichter werden sich Probleme, die mit Geld verbunden sind, lösen lassen. Oder sie werden gar nicht erst entstehen.

Positive Spannung aufbauen

Eine „positive Spannung“, was ist das? Sie ist z.B. vorhanden, wenn Du etwas in Freude und mit viel Intensität tust.

Menschen, die eine positive Spannung haben, sind zu erkennen. Sie strahlen Inspirationskraft aus. Sie wirken konzentriert, gleichzeitig ansteckend mit ihrer Haltung auf Menschen in ihrer Umgebung.

Es drückt das Gegenteil von Nachlässigkeit aus – auch von Müdigkeit oder Niedergeschlagenheit. Letztere würden dazu führen, dass Menschen, bildlich gesprochen, mit hängenden Flügeln durch die Gegend trotten.

Positive Spannung ist natürlich. Sie wirkt nicht aufgesetzt. Sie bedeutet also nicht etwa, mit herausgestreckter Brust und künstlich-steifer Aufrichtung durch die Gegend zu laufen. Sie bedeutet nicht, alles zu versuchen, um einen bestimmten Eindruck auf andere zu machen: z.B. Kunden immer mit extra lauter Stimme und bemühter Euphorie zu empfangen, obwohl man sich zugleich hundeelend fühlt.

Diese positive Spannung beruht auf einer geistigen Wachheit.

Sie hat zur Folge, dass uns die Dinge leicht von der Hand gehen, dass wir sie kraftvoll, mit Lust und Lebendigkeit erledigen. Dass wir aufgeweckt sind, dynamisch, gleichzeitig aber achtsam und sehr fein mit den Dingen umgehen.

Sie kann sogar in Deinem Körper spürbar sein als eine Art aufkommende Begeisterung oder Vorfreude: Ja, ich will leben! Und ich freue mich auf das, was kommt!

Du gehst, in diesem Zustand seiend, auf das zu, was zu erledigen ist.

Menschen, die oft so sind, wirken auf die Außenwelt attraktiv. Man ist einfach gerne in ihrer Nähe. Sie stecken mit ihrer Lebendigkeit, ihrer klaren Ansprache und liebevollen Ausstrahlung ihre Umgebung an. Sie „entzünden" ihre Umgebung mit einer natürlichen Begeisterung – selbst dann, wenn sie in ihrer Art eher still sind.

In Bezug auf Geld könnte das bedeuten: Eine positive „Spannung" zu Geld, ein lustvoller, inspirierter Umgang mit Geld schafft mehr Attraktivität in Dir – auch für Geld.

Widerstand erkennen

Oft kritisieren wir uns für dieses und jenes, wir sind entweder zu dünn oder zu dick, zu groß oder zu klein. Oder wir denken, wir könnten besser sein oder hätten es besser machen können. Oder wir ärgern uns über andere – und ärgern uns dabei über uns selbst.

Große Sorgen, Ärger oder auch Kritiksucht würden den gesamten Raum in Dir einnehmen, Du wärest davon wie besetzt. Wo Ärger ist oder Sorge, kann nicht gleichzeitig Liebe und Wertschätzung sein.

Oder könntest Du Dir das vorstellen: sehr liebevoll sein, wertschätzen und sich gleichzeitig ärgern? Wie soll das gehen? Es ist, als säße jemand auf einem Stuhl. Noch jemand käme, um zur selben Zeit auf diesem Stuhl Platz zu nehmen. Es geht nicht. Der Stuhl ist besetzt.

Um in einen Zustand von Liebe und Wertschätzung zu gelangen, müssen wir unseren Widerstand erkennen – und dann bereit sein, ihn aufzugeben.

WIDERSTAND (SEITE 220)

Negativer Stress ist Dauer-Widerstand

Gerade bei Stress müssen wir gut auf uns aufpassen. Unsere Wachheit und Präsenz „leidet" unter Stress. Wir gehen in einen Modus, in dem wir uns nicht mehr selbst bestimmen. Wir werden bestimmt: durch ein Stakkato von Gedanken – Gefühlen – Gedanken usw. Es jagt sich. Es jagt Dich.

Das Gemeine ist: Je höher Deine allgemeine Energie ist, umso mehr musst Du im Grunde auf Dich aufpassen. Was Du mit viel Schwung, aber unter negativem Stress kreierst, kann ein ganz schönes Durcheinander hervorrufen …

Es war an einem Nachmittag im Jahr 2009. Ich kam nach einem ziemlich wirren Tag aus dem Büro. Zwei Projekte waren noch abzuschließen, meine Mutter war gerade ins Krankenhaus eingewiesen worden, und ich hatte eine Verabredung, zu der ich pünktlich sein musste. Und so lief ich kurz vor fünf die Berliner Rankestraße hoch in Richtung Kudamm. Ich brauchte noch ein Geschenk. Ich bog bei Hugendubel ein, Treppe hoch. Noch sechs Minuten. Wenn die Zeit knapp ist, bin ich meist sehr gut. Dachte ich. Und so war das am Anfang auch. Zielsicher fand ich das Buch. Schnappte es und wollte gerade auf die Kasse einbiegen, als das Handy klingelte. Umleitung vom Büro. Das Projekt, das heute fertigzustellen war, lag noch in Klärung. Es fehlte jedoch eine Unterlage. Dann würde wohl alles klappen. Wir diskutierten Einzelheiten, ich bog auf die Rolltreppe und fuhr hinunter. Es war sehr voll. Ich wusste, links unten neben dem Eingang war auch noch eine Kasse. In dem Moment sagte mein Gesprächspartner am anderen Ende der Leitung, dass das Projekt bis 19 Uhr genehmigt sein muss. Es wäre daher wichtig, dass ich jetzt gleich beim Kunden anrufe, damit der rasch die Unterlage schickt. Ich schob meinen rechten Arm etwas ungeschickt gegen die Glastür, hatte meine Tasche in der Hand und musste das Handy leicht schräg halten, um gut durch die Tür zu kommen. Doch dann tippte jemand gegen meine Schulter: Guten Tag, was haben Sie da unter dem Arm? Ich bin Ladendetektiv. Ich starrte auf das Buch in meiner Hand. Mist. Es war unfassbar. Ich stand aber wirklich schon vor dem Geschäft auf dem Gehweg. Dachte in einem Zustand von Hektik und Verzweiflung: Mist, spätestens ein paar Meter weiter an der roten Fußgängerampel hätte ich es doch entdeckt! Wäre zurückgekommen und hätte bezahlt! Er klärte mich kurz auf: Ich hätte es halt etwas früher bemerken müssen.

Mit dem Fahrstuhl fahren wir hoch in sein Büro. Ich war sehr aufgebracht. Denke mir aber: Da kannst Du jetzt nicht viel diskutieren. Der macht halt seinen Job. Der Fahrstuhl fährt sehr langsam. Plötzlich geschieht etwas Seltsames: Der ganze Stress beginnt von mir abzufallen. Ich weiß, Termine hin oder her, es ist jetzt so, wie es ist. Ändern kann ich es nicht mehr. Kann mich zwar aufregen. Aber wozu? Die Vergangenheit ist vergangen. Plötzlich komme ich in eine Ruhe.

Während wir noch hochfahren, schaue ich auf das Buchcover: Ich schaue noch einmal, staune über den Titel: „Wenn du es eilig hast, gehe langsam“.

Innere Hektik schafft Probleme. Innere Hektik nimmt jegliche Konzentration. Wir verlieren den Zustand einer wachen Präsenz völlig, wir sind wie fremdgesteuert von unseren Gedanken und Gefühlen. Wer kennt das nicht? Wir sind dann in einem mentalen Dauerstress, in einer Art Gedanken-Tretmühle: Die innere Hektik wird in der Regel zu unbefriedigenden, wenig optimalen Ergebnissen führen. Selbst wenn Du Dich trotz (oder mit) viel Hektik am Ende durchsetzt – egal ob als Führungskraft im Unternehmen oder als Lehrer in einer Klasse – wird dieser „Sieg“ meist nur von kurzer Dauer sein.

Hektik produziert Missverständnisse. Weil Du es eilig hast, haust Du noch schnell eine „angesäuerte“ Mail raus, an einen Mitarbeiter, einen Kunden oder einen Freund. Wie wird der Empfänger wohl diese Nachricht aufnehmen?!

Durch mangelnde Ruhe, durch fehlende innere Ausgeglichenheit laufen die Dinge in die falsche Richtung – und zwar von Anfang an! Später ist dies nur schwer zu korrigieren. Man neigt unbewusst dazu, umständliche Wege zu gehen. Probleme werden angepackt, die (im Moment jedenfalls) gar keine sind. Oder Fehler werden begangen, die man später mühselig ausbügeln muss. Das schafft zusätzliche Unruhe oder Hektik.

Der Mangel an Präsenz ist eine große Fehlerquelle. Er verringert wirkliche Effektivität. Es ist, als befänden wir uns ständig im Nebel. Wir „geben Gas“, machen eifrige Schritte, aber kennen die Richtung nicht.

Negativer Stress ist eine Art Dauer-Widerstand gegen das, was ist. Man könnte auch sagen – gegen den momentanen Augenblick. Wir streben ständig dem nächsten Augenblick entgegen – denn wir denken, er wäre besser als der gegenwärtige Augenblick.

Ein Beispiel: Wir gehen morgens aus dem Haus, um schnell zur Bahn zu kommen oder zum Auto. Dann hoffen wir, gut durchzukommen: dass wir möglichst schnell bei der Arbeit sind. Bei der Arbeit angekommen, hoffen wir vielleicht, dass der Vormittag oder der ganze Arbeitstag schnell vorbei gehen möge. Dann sind wir wieder in der Bahn oder im Auto und hoffen, keinen Stau oder Verzögerungen zu erleben, schnell zu Hause zu sein usw.

Wir glauben also, es geht mehr um den nächsten Augenblick als um das JETZT. Das nimmt uns die Fähigkeit, ganz da zu sein. Die Gedanken sind immer schon „auf dem Sprung“. Oder sie sind noch mit dem beschäftigt, was gerade war. Dadurch entsteht oft eine gewisse Gereiztheit oder Angespanntheit. Man sieht das z.B. an Körperhaltung und Gesichtsausdruck vieler Menschen. Sie sind nie wirklich zufrieden mit dem, was gerade ist. Der jetzige Moment erscheint unvollkommen. Sie sind nicht darauf orientiert, den jetzigen Augenblick zu würdigen, ihn zu genießen. Es ist fast, als wollten sie dem JETZT entkommen.

Wege, den Widerstand aufzugeben

Wenn wir in der Lage waren, in uns Widerstände zu erschaffen gegen das, was ist, gegen den jetzigen Moment, dann sollten wir auch in der Lage sein, diese Widerstände zu erkennen und sie weg zu erschaffen. Dann würden wir im Alltag viel weniger Energie verlieren, wären dadurch bei unseren täglichen Herausforderungen kraftvoller und wirksamer. Wir würden mehr zu dem kommen, was uns wichtig ist, was wir erreichen wollen.

Den Augenblick des Erkennens nutzen

In dem Augenblick, da Du erkennst, dass Du im Widerstand bist, genau in diesem Moment des Erkennens, öffnet sich, meist nur für sehr kurze Zeit, eine Pforte für Dich, um aus dem Widerstand herauszugehen – und dadurch die negativen Folgen für Dich und Deine Umgebung zu vermeiden. Es ist dann ein kurzer Moment der Klarheit, in dem Du frei entscheiden kannst, vom Widerstand abzulassen. Nutze ihn.

Kein Unkraut mehr düngen

Gib Deinen Widerstand auf. Gib auf, Dich über Dich, oder über andere oder über eine Situation zu beklagen. Du löst es so nicht. Du verbaust Dir vielmehr den Weg in eine neue Zukunft.

Gib auch dem Geld selbst keine Schuld. Geld ist neutral, es kann für nichts.

Lerne, Deine Gefühle und Gedanken anzunehmen, wie sie gerade sind. „Ja, es ist gerade so, wie es ist.“ Wenn Du Widerstand entgegensetzt, machst Du diese Gedanken und Gefühle größer und größer. Es ist, als würdest Du Unkraut düngen.

SICH ERWISCHEN

Es ist, wie es ist. Ich lasse alles zu.

Ich steigere mich auch nicht hinein, gebe anderen nicht die Schuld, sondern bin wachsam – und ertappe mich, wenn innere Widerstände auftreten.

Ich beobachte die Gefühle und Gedanken, die Widerstände, die entstehen. Und rege mich nicht darüber auf. Und wenn ich mich doch einmal aufrege, vielleicht in einem Moment der Unachtsamkeit, dann pfeife ich mich schnell wieder zurück.

Annehmen was ist

Vielleicht bist Du unzufrieden mit Dir und hast den Eindruck, Du müsstest mehr leisten als Du leistest. Indem Du formulierst, dass etwas nicht so ist, wie es sein sollte – egal ob in Dir oder in Deiner Umgebung –, gehst Du in einen Widerstand, weil Du das anklagst, was ist. Doch das, was ist, kann man ja nicht leugnen. Denn es hat die Erscheinungsform, die es eben hat, z.B. bestimmte Umstände, bestimmte Gedanken und Gefühle. Beklagen wir uns darüber, geben uns oder den Umständen die „Schuld“, entsteht Unzufriedenheit, Ohnmacht und Frust – alles Formen von noch mehr innerem Widerstand.

Und das, was Du fühlst, fühlt sich so an, wie es sich anfühlt. Sicher, Du könntest sagen: Ich wünschte, ich würde jetzt anders fühlen. Dann ginge es mir besser. Genauso wie Du sagen könntest: Ich wünschte, es wäre anders, als es jetzt ist.

Aber: Ist es nicht. Deshalb bringt das Klagen und Jammern nichts. Es bringt zumindest nichts Positives für Dich und die aktuelle Situation. Im Gegenteil: Du lenkst Deinen ganzen Fokus, Deine ganze Energie auf das, was nicht geht. Du lenkst Deine Energie auf das Problem. So machst Du es noch größer. „What you resist[3] will grow!“ hörte ich von den New Yorker Seminarleitern Arial und Shya Kane.

Wie wäre es möglich, dass Du für Dich eine liebevolle Haltung einnimmst? Und möglichst viel „positive Spannung“ aufbaust (nicht zu verwechseln mit „angespannt sein“!)?

Indem Du Dich auf das konzentrierst, was Dich wirklich ausmacht, was Du wirklich bist: Dein Sein, Deine Urkraft, Deine Präsenz.

Indem Du Dir vergibst bei den Dingen, bei denen Du das Gefühl hast, nicht genug getan zu haben. Selbst wenn es stimmte: Es ist, wie es ist, Du kannst die Vergangenheit nicht verändern. Oder

---

3 Sinngemäß: „Das, dem Du Dich innerlich widersetzt, wird wachsen!“

könntest Du? Nein! Mit dem „schlechten Gefühl“ oder dem Ärger verbaust Du Dir die Zukunft – zumindest für den Moment. Es wärmt das Vergangene lediglich auf. Das bringt Dich nicht weiter, sondern hält Dich fest. Das Vergangene ist vergangen. Du kannst es nicht ändern.

Auch bei Stress und Hektik: nie aufgeben!

Wenn wir bereits in innerer Hektik sind, wie können wir zu Konzentration und innerer Ausgeglichenheit zurückfinden?

Ganz leicht ist das sicher nicht: Wir können meist nicht einfach ein Gefühl von Hektik und Anspannung gegen einen Zustand von großer Freude und tiefer Entspannung eintauschen. Das wäre, als würde man versuchen, im vollen Galopp das Pferd zu wechseln. Das klappt in der Regel nicht – außer man verfügt über ein langjähriges Training. Vielmehr müssen wir erst einmal anhalten und vom Pferd absteigen. Dann können wir uns auf das neue Pferd einstellen und aufsteigen.

Eine Möglichkeit ist, sich selbst zu erwischen bei Stress oder innerer Anspannung. Im Erkennen können wir diesen Zustand dann loslassen.

Wie ist dieses Erkennen möglich? Die hektischen Gedanken und Gefühle können sich ja nicht selbst erkennen. Im Gegenteil: Sie würden vielleicht sagen: „Hoffentlich klappt das noch rechtzeitig? Ist das auch gut genug? Werde ich das überhaupt schaffen? Ich muss mich beeilen …“

Welche Ebene wäre also die richtige, um „die Pferde zu wechseln?“ Um in einen Zustand von Gelassenheit zu kommen und effektiver zu sein?

Es ist die Ebene, die Dich wirklich ausmacht: Dein Sein, Deine Urkraft, Deine innere Präsenz.

Nur aus dieser Ebene ist es möglich, dass wir uns beobachten, dass wir uns selbst erwischen.

Solange wir völlig absorbiert sind von angestrengten Gedanken etc., halten wir das für „normal“. Wir können uns allein aus der Ebene des normalen Alltagsbewusstseins nur schwer erwischen. Wir bemerken den Widerstand vielleicht gar nicht – oder wir haben uns daran „gewöhnt“.

Doch je mehr es gelingt, sich in der Ebene des Seins zu verankern, je mehr es gelingt, im Alltag wach und präsent zu sein, desto weniger Widerstand werden wir in uns erzeugen („Oh Mann, was ich heute alles noch schaffen muss …“) – und desto weniger geraten wir überhaupt erst in Stress, Hektik und innere Anspannung.

Wenn wir wirklich präsent sind, hört der Stress einfach auf.

Wahrnehmung und Gewahrsein üben

Viele Menschen können innere Widerstände leichter loslassen, wenn sie in der Natur sind: Man schaut auf das Grün, auf die Bäume, die Natur, die Landschaft. Und es scheint, als könne man ein wenig zurücktreten von den Gedanken, zurücktreten von der eigenen Unruhe, vom eigenen Widerstand.

Wahrnehmung

Gehe einmal nach draußen in einen Garten oder einen Park. Oder stelle es Dir einfach so vor. Du siehst vor Dir einen Baum. Er steht mitten auf einer schönen grünen Wiese. Ein großer, ausladender, stolz anmutender Laubbaum. Nimm ihn wahr in seinem So-Sein. Lasse Dich ganz auf ihn ein.

Spüre ihn in seiner Lebendigkeit, Du kannst ihn berühren. Du kannst ihn wahrnehmen in seinem So-Sein. Wenn Du Dich ganz einlässt auf diesen Baum, kannst Du wahrnehmen, dass etwas entsteht zwischen Dir und dem Baum. Eine Art Präsenz füreinander, eine Art Beziehung entsteht. Kannst Du dies wahrnehmen im Jetzt?

Konzentriere Dich nun auf das Innere des Baums. Lasse die Konzentration sich ausdehnen, bis hoch in die Äste hinaus, bis in die Blätter. Gleichzeitig bis in die Wurzeln, bis tief in die Erde. Du kannst den Baum jetzt in seiner Gänze wahrnehmen. Nun schaue noch einmal auf den Stamm, der vor Dir ist, in diesem Garten. Spüre den Baum gleichzeitig als Ganzes, aber schaue nur auf den Stamm. Kannst Du spüren, was „Wert eines Gegenstandes“ bedeutet? Kannst Du spüren, was das So-Sein eines Gegenstandes oder einer Pflanze bedeutet?

Lasse ihn einfach so stehen. Spüre hinein in Deinen Körper, nimm Deinen Körper ganz wahr. Versuche Deine

> Aufmerksamkeit auszudehnen. Spüre den Baum und den Körper gleichzeitig. Jetzt. Spüre nun eine Art Anziehungskraft zwischen Dir und dem Baum, eine Energie, die zwischen Euch wirkt.

Wahrnehmen bedeutet auch: Du bewertest es nicht, Du denkst auch nicht darüber nach, was wohl der Marktwert dieses Baumes wäre: Wenn man ihn z.B. kleinschneiden würde und Holzpellets daraus herstellte und diese als Anmachholz verkaufte. Du denkst nicht darüber nach – auch nicht darüber, was alles noch zu tun ist diese Woche oder was Du heute Abend vorhast.

Du lässt all dies beiseite, beurteilst nichts, nimmst den Baum nur wahr, spürst sein energetisches System, und Du kannst den Wert des Baumes in seinem So-Sein wahrnehmen.

Wenn Du in der Übung gleichzeitig ganz bei Dir bist, kannst Du vielleicht erahnen, dass hinter der Wahrnehmung noch etwas liegt. Es ist das, was die Wahrnehmung überhaupt erst ermöglicht – das was wahrnimmt. Im Moment des Erkennens sind wir dessen gewahr.

Warum sich nicht richtig freuen über Geld?

Freude ist eine Möglichkeit, sich über die Tücken des gewöhnlichen Lebens zu stellen, indem Du anerkennst, wie schön Leben tatsächlich ist. Aber auch zu sehen, was Du bereits erreicht und umgesetzt hast. Vor allem auch das, was Du innerlich schon erreicht hast. Es bedeutet, „die halbe Füllung“ im Glas zu genießen und sich daran zu erfreuen.

FREUDE (SEITE 220)

Und sie macht einen radikalen Unterschied zu dem, was in unserem Alltag als niedrige Frequenz existiert. Sie ist ein Leuchtturm der Inspiration und der Energie. Sie ist auch etwas, in das andere Menschen sich einklinken können. Sie werden ihrerseits gestärkt.

Es darf auch eine Freude über das Geld geben – ganz egal wie wenig oder wie viel vorhanden ist.

Es wäre sogar günstig, mit dem Geld nicht nur in „freundlicher“ Harmonie zu sein, sondern sich richtig zu freuen über das Geld: fast so als wäre es ein Spielzeug – und wir die Kinder, die sich mit leuchtenden Augen dafür begeistern. Alle negativen Gedanken und Gefühle gegenüber Geld, alle unbewussten Vorbehalte, hätten keinen Platz mehr und würden aufhören, uns zu behindern.

Liebe und Manipulation

Du kannst vielleicht spüren, dass es unterschiedliche Formen der Liebe gibt: Liebe und Liebe – der feine Unterschied. Wenn über „Liebe“ gesprochen oder geschrieben wird, geht es vielfach um eine Art „Alltagsliebe“, die meist an Bedingungen gebunden ist. „Ich liebe Dich, wenn Du dieses oder jenes für mich getan hast.“ Oder: „Ich liebe Dich, weil Du so toll aussiehst.“ Oder: „Ich liebe Dich, denn ich brauche Dich.“

Diese Liebe ist auch eine Liebe, klar, doch sie leuchtet nur kurz und eher schwach, denn sie hat keine wirkliche Tiefe. Diese Liebe hängt meist stark von äußeren Bedingungen ab. Sie klebt immer etwas, kann nicht frei schwingen.

Diese Art von Liebe könnte auch genutzt werden, um andere Menschen zu manipulieren. „Ich liebe Dich – aber nur, wenn Du dieses oder jenes für mich tust."

Lasse den Gedanken zu, dass es sein kann, dass auch Du andere in gewisser Weise beeinflusst – sei es bewusst oder unbewusst.

Dies kann bewusst sein, z.B. wenn Du im Kundengespräch „alle Register ziehst", um jemanden zu überzeugen, obwohl Du weißt, dass das Produkt der Person nicht viel bringt. Es kann auch halb bewusst sein, z.B. wenn eine Mama ihrem Kind sagt, es möge aufräumen, nur „dann gibt es hinterher ein Eis". Es kann auch fast unbewusst ablaufen. Manchmal reichen kleine Anmerkungen oder Gesten, ein Augenaufschlag beim Partner oder der Partnerin, ein Hundeblick …

Anderes Beispiel: In bestimmten Organisationen bekommen Mitarbeiter Belohnungen, wenn sie bessere Ergebnisse erreichen – beispielsweise ein Verkäufer, der von seiner Firma belohnt wird, wenn er mehr Produkte an Kunden verkauft hat als andere Verkäufer. Er oder sie bekommt dann z.B. Extra-Geld für die guten Resultate. Er oder sie bekommt mehr „Zuwendung" – doch nur solange die Resultate stimmen.

Man könnte sagen: Das ist normal, dass jemand für bessere Leistungen belohnt wird.

Doch wo genau liegt die Gefahr solcher Belohnungen? Wann genau beginnt die Manipulation?

Nicht jede Form von Belohnung oder Anreiz ist von vornherein schlecht. Man kann Manipulation eben nicht nur an der äußeren Form des Anreizes festmachen – beispielsweise wenn jemand für seine Arbeit eine finanzielle Belohnung erhält oder ein öffentliches Lob. Das alleine macht noch keine Manipulation aus. Entscheidend ist vielmehr: Welche Haltung hat der, der das Lob austeilt? Aus welcher Ebene des Bewusstseins handelt die Person oder die Organisation? Welche Absicht steht hinter dem Lob oder der Belohnung?

Wenn beispielsweise das Geld gegeben wird, um einfach jemanden zu belohnen, weil er fleißig war, seinen Job gut gemacht hat, man ihm oder ihr etwas Gutes tun möchte, dann würde man bestimmt nicht von Manipulation sprechen – insbesondere dann nicht, wenn die Belohnung von Herzen kommt.

Aber wenn Menschen über Geld zu etwas gebracht werden sollen, was sie sonst, aus einem natürlichen Antrieb, so nicht tun würden, wenn man also versucht, ihr Handeln gezielt über Geld zu beeinflussen, dann ist die Schwelle zur Manipulation schon überschritten.

Entscheidend ist weniger die Form der Belohnung, als vielmehr die Absicht, die damit verfolgt wird.

Wenn Du z.B. Menschen in einem Restaurant bedienst, weil es einfach Dein Job ist und weil Du möchtest, dass die Gäste ihre Zeit und ihr Essen genießen, dann ist dies nicht an Bedingungen geknüpft – etwa an die Erwartung, ein besonderes Trinkgeld zu erhalten. Oder wenn Du Kunden ein Geschenk machst, um sie einfach zu erfreuen, dann ist es etwas anderes, als wenn Du darüber nachdenkst: Was kann ich ihnen schenken, damit sie bald wieder bei mir bestellen?

Wenn Du als Verkäufer begeistert bist von Deinem Produkt, wenn Du überhaupt gerne Menschen inspirierst, ist es etwas anderes, als wenn Du „nur" für Geld arbeitest und jedes Mal zählst: Wie viel muss ich noch verkaufen, wie lange muss ich hier noch arbeiten, bis ich endlich aufhören kann?

Entscheidend ist die Haltung, die dahinter steht – egal, in welcher Branche Du arbeitest, egal ob Du angestellt bist, selbständig oder Unternehmer. Welche Bedingungen knüpfst Du an Deine Liebe und Zuwendung? Überprüfe Deine Aufrichtigkeit – gerade auch, wenn Du andere lobst.

Viel kraftvoller ist Deine Liebe, wenn sie nicht an Bedingungen geknüpft ist.

Indem Du Dich auf diese Liebe konzentrierst, gehst Du über das normale Alltagsbewusstsein hinaus. Das Leben wird leichter. Je mehr Du dies in Dein Leben integrierst, desto mehr werden Deine Gedanken, Deine Gefühle, Deine Handlungen, aber auch Deine Sprache von dieser Liebe gekennzeichnet sein, von ihr durchdrungen sein.

Du kannst, z.B. wenn Du zu Deinen Kindern sprichst, sehr klar und sehr entschieden sein und dennoch voll von bedingungsloser Liebe. Es gibt hier keinen Widerspruch.

Du kannst in jedem Moment klar sein, kerzengerade ausgerichtet, und gleichzeitig mit dieser Ebene von bedingungsloser Liebe verbunden.

Im frisch verliebt sein hat man vollen Zugang zu dieser Ebene: Man genießt die schönen Momente, würde nicht auf die Idee kommen, am anderen herumzukritisieren. Man trägt ganz bewusst eine rosarote Brille. Das Leben ist schön. Manche haben den Eindruck, sie bräuchten keinen Schlaf mehr. Doch sobald das Verliebtsein etwas nachlässt, sieht man vielleicht störende Eigenschaften am anderen, die einem anfangs gar nicht aufgefallen waren.

Eine dauerhafte Liebe zu einem Menschen beruht auf der Fähigkeit, sich ohne Bewertungen auf die Ebene des Seins einzulassen.

Diese Liebe zwischen zwei Menschen ist gekoppelt an das Spüren des So-Seins des jeweils anderen – gerade auch auf längere Sicht. Den anderen nicht ständig zu bewerten, zu analysieren, einzuordnen, sondern ihn als ein göttliches Geschöpf zu begreifen, etwas, das aus der gleichen Substanz ist wie Du selbst.

Es ist das Weglassen von Bedingungen und Erwartungen, die der Liebe eine Tiefe gibt, die dann zu einem unvergleichlichen Wahrnehmungsempfinden führt.

Die Anziehungskraft zwischen zwei Menschen wird auf Dauer nur durch diese Liebe ermöglicht.

Was ist „Wert"?

Sind wir in Liebe, erkennen wir den Wert.

Der Wert erspürt sich über die Wahrnehmung Gottes in allen Dingen. Weil wir ihn in den Dingen und in den Menschen erkennen. Wenn wir den Wert erkennen, beginnen wir innerlich zu leuchten.

Der Wert ist das Erkennen Gott[4] in allem, was ist.

Aus einer hohen Ebene betrachtet, ist der Wert aller Dinge gleich. Aus einer hohen Sicht ist alles wertvoll, also voll von Wert.

Spürst Du die Präsenz, das Göttliche in Dir?

Bist Du bereit, die Bewertungen loszulassen für das, was den wahren Wert ausmacht?

Folgt der Preis dem Wert?

Der Wert lässt sich in allem erspüren, was ist.

---

4 „Entgegen der traditionell überlieferten Vorstellung existiert Gott nicht als richtende Instanz, sondern ist als Geist in allem, was existiert, enthalten. Geist ist nichts Gespenstisches und kein Wesen, sondern eine sehr hohe Frequenz. (…) Die Begriffe Geist und Gott sind identisch. Geist (…) ist mehr als eine Energie, mehr als eine Kraft, mehr als ein Bewusstsein." Yashi Kunz, Phänomen Heilung, Seite 263.

Der Wert ist unabhängig vom Preis. Der Preis ist eine Bewertung, die auf den „menschlichen Ebenen“ vorgenommen wird.

Durch diese Bewertung wird der Wert „verflacht“. Die Bewertung reduziert den Wert auf einen Marktwert – oder auf eine Aufteilung in gut und schlecht.

Der Wert aller Menschen ist gleich. Weil Gott in allem zugleich und in gleicher Intensität vorhanden ist.

Die Ausstrahlung von Wert erspürt sich über das Loslassen, insbesondere über das Lassen von Bewertungen. Um zum wahren Wert zu kommen, müssen wir die Bewertung loslassen.

Wie sehr bist Du bereit, loszulassen, um den Wert zu erkennen?

In unserer Gesellschaft werden verschiedene berufliche Tätigkeiten durchaus unterschiedlich bewertet.

Wenn eine Arbeit einen bestimmten Lohn z.B. nicht übersteigen darf, so ist der Marktwert trotz einer hohen Wertschätzung der Leistung möglicherweise gering. Wenn z.B. eine Klofrau einen tollen Job macht, alles tipptopp in Ordnung hält, und in aller Natürlichkeit die Menschen begrüßt und auch verabschiedet, wenn sie aufmerksam ist und nach dem Händewaschen ein Papiertuch reicht (ich habe das so erlebt und war verblüfft), dann kann der Toilettenbesuch ein Erlebnis sein! Trotzdem wird sich die Bezahlung vielleicht nicht gleich ändern.

Oder doch?

Auch ein Taxifahrer, der es seinen Gästen bequem machen möchte, der darauf achtet, dass sie sich wohlfühlen, der sie begrüßt, der beim Ein- und Aussteigen hilft, der eine Zeitung und ein paar Bonbons bereit hält, vielleicht sogar nach Musikwunsch und Lautstärke fragt, muss sich an den gültigen Tarif halten. Obwohl der von den Fahrgästen empfundene Wert seiner Leistung höher ausfällt als „normal“, kann er nicht gleich mehr Geld pro Fahrt nehmen.

Oder doch, vielleicht auf eine andere Weise? Womöglich wird er dann häufiger für Sonderfahrten gebucht oder erhält ein besseres Trinkgeld – wer weiß?

Dennoch: Preis und innerer Wert sind zwei verschiedene Paar Schuhe. Der Zugang zu dem, was Wert ist, liegt ausschließlich in unserer Konzentration: Wir können jederzeit Wertvolles erkennen – oder Wertvolles erschaffen. Es liegt in unserer Haltung. Der Preis steht auf einem anderen Blatt.

Empfinden von „Wertigkeit“

Eine Ausstrahlung von Wertigkeit kann bei vergleichbaren Produkten den erzielbaren Preis auch erhöhen. Deshalb sind Hersteller oft sehr um ein bestimmtes Image und wertigere Anmutung ihrer Produkte bemüht. Die Autoindustrie ist hier sicher ein Beispiel. Von der Form der Karosserie, über die Dicke und Haptik des Lenkrades bis zum Geräusch des Zuschnappens der Autotür: Nichts wird dem Zufall überlassen.

Insbesondere über die Sinneswahrnehmungen wie Sehen, Tasten, Riechen usw. schließen wir von der Verpackung schnell auf die Qualität des Produktes. Natürlich können die gewöhnlichen Sinne auch leicht getäuscht werden, etwa wenn die Käseverpackung viel größer ist als der darin befindliche Käse. Hier betreten wir allerdings schwieriges Terrain. Denn die Art, wie wir etwas über die gewöhnlichen Sinne einschätzen, prägt unser Bewusstsein, prägt unsere Entscheidungen und Handlungen. Das Produkt ist dann für uns tatsächlich wertiger, z.B. wenn wir während der Nutzung dem hervorragenden Image eines Markenproduktes unbewusst Glauben schenken.

Der Marktpreis wird von solchen Einschätzungen geprägt – insbesondere wenn sich Produkte technisch oder von den Inhaltsstoffen her nur wenig unterscheiden. Und anders als vor einigen Jahrzehnten sind die meisten Güter heute anscheinend unbeschränkt verfügbar. „Knappheit des Angebots“ ist damit weniger bedeutsam für den Produktpreis als die Einschätzung, die wir von dem Produkt haben.

Preisliche Bewertungen hängen also immer von Einschätzungen ab. Und die können sich mit neuen Umständen auch stark ändern.

Würde z.B. im Falle einer Krise für einige Zeit der elektrische Strom ausfallen, kämen auch keine Börsenkurse für Aktien, Anleihen oder Rohstoffe zustande. Den Menschen würde der übliche Bewertungsmaßstab plötzlich fehlen. Bisherige Bewertungen wären erst einmal uninteressant.

Die Bewertung kann sich also ändern. Der innere Wert hingegen ändert sich nie.

Was existiert wirklich?

Eine Redakteurin der „Bunten“ erzählte mir von spannenden Recherchen einer Kollegin. Es liegt viele Jahre zurück, ist aber sehr lehrreich: Es ging um eine Frau, die immer sehr knickerig gelebt hatte – alles auf niedrigstem Niveau. Auch ihre Kinder hielt sie auf diese Weise kurz. Gemeinsam kam man gerade über die Runden. Eines Tages starb die Frau. Beim Auflösen des Haushalts fand man in der Gefriertruhe im Keller einen dicken Stapel Unterlagen, aus denen hervorging, dass sie Miteigentümerin eines Industrieimperiums war.

Sie war das gewesen, was man „superreich“ nennt. Aber würdest Du sagen, dass sie in Reichtum gelebt hat?

Eine interessante Frage. Das Geld war ja auf ihren Konten und in Firmenbeteiligungen verbrieft. Der vorhandene Wohlstand war jedoch – aus welchem Grund auch immer – wie verdrängt aus ihrem Leben, als ob er gar nicht zu ihr gehörte. Es gab anscheinend keinerlei Würdigung oder Wertschätzung oder Nutzbarmachung des Vermögens. Es schien vollkommen unbeachtet. Die Frage ist: Hat ihr Geld, hat ihr Vermögen dann überhaupt existiert?

Offenbar ist es so: Dinge, die nicht fühlbar, spürbar oder ersichtlich sind, existieren für uns nicht. Sie scheinen gar nicht da zu sein.

Das gilt auch bei Schulden: Deutschland hat rund 2 Billionen Euro Staatsschulden – die Auswirkungen fühlt man aber nicht direkt: Zum einen gehören die Schulden ja „dem Staat“, und nicht einem selbst. Zum anderen haben die Staaten offenbar auch nicht im Sinn, anders als der Häuslebauer, die Schulden zurückzuzahlen. Natürlich gibt es erhebliche Auswirkungen, aber die sind nicht so leicht ersichtlich. Und wenn sie ersichtlich sind, z.B. in Gestalt hoher Steuern und Abgaben, haben wir uns an den Status Quo gewöhnt und empfinden ihn nicht mehr als bedrohlich. Ist es dann letztlich wichtig, ob 1 Billion Schulden, 2 Billionen oder 4 Billionen? Oder 8 Billionen? Vielleicht zuckst Du jetzt mit den Schultern. Oder sagst, das geht nicht. Vorstellbar sind diese Zahlen nur für sehr wenige. Insgesamt hält sich die allgemeine Aufregung über die hohe und vielerorts steigende Verschuldung doch in Grenzen. Nur sehr wenige haben bisher ihr Konto bei der Bank geräumt. Wenn in Deutschland jetzt noch 1 oder 2 Billionen Euro an zusätzlichen Verpflichtungen dazukommen, etwa über die Haftung für andere Staaten, wäre das möglicherweise auch nur ein kurzer Aufreger. Das Gehirn kann dies nicht verarbeiten, es ist persönlich nicht fühlbar, in gewisser Weise daher auch nicht existent.

Bei privaten Schulden ist die Wirkung natürlich direkter. Günstig wäre es daher, sich einen genauen Überblick zu verschaffen: Welche Schulden gibt es – und bei wem? Welche Rückzahlvereinbarungen gibt es? Welche Vermögenswerte stehen dagegen usw.? Oft ist es ein sehr schmerzhafter Prozess, das alles aufzulisten, sich damit zu beschäftigen: Denn für viele Menschen ist dies mit starken Existenzängsten verbunden. Manch einer schaut dann lieber nicht so genau hin – und hofft, dass alles gut geht.

Ängste wirken auf das körperliche System – nicht nur in schlaflosen Nächten. Angstgetriebene Entscheidungen führen oft zu noch mehr Problemen. Die einzige Chance bei einer finanziellen Schieflage wäre, nach der Bestandsaufnahme in einen Zustand wacher

Präsenz zu gelangen – und so die eigene Situation wahrzunehmen. Die negativen Gefühle im Zusammenhang mit Schulden oder anderen Geldproblemen sind zwar nicht weg. Aber sie entfalten dann nicht mehr diese Ohnmacht oder Verzweiflung. Sie wirken nicht mehr so direkt auf den Körper. Wir können viel besser überschauen, was zu tun oder zu lassen ist.

INNERER WERT (SEITE 221)

Sich Überblick verschaffen

Um das Bewusstsein im Umgang mit Geld zu erhöhen, ist es überhaupt günstig, sich einen genauen Überblick über die eigene Situation zu verschaffen.

Kennst Du Deine Einnahme- und Ausgabepositionen, einschließlich der Steuern? Prüfe vor allem, welche Positionen Dir nicht klar sind – auch Positionen, bei denen Du ständig etwas bezahlst, aber Du weißt eigentlich nicht wofür. Erkenne Ausgaben, die vielleicht unnütz sind – und Ausgaben, die zunächst unnütz erscheinen, es aber – bei näherer Betrachtung – doch nicht sind. In dem Moment, da Du die Bedeutung dessen siehst, wofür Du Geld ausgibst, verändert sich schon Dein Bewusstsein für diese Ausgabe. Ich habe das z.B. bei Ausgaben für Versicherungen oft erlebt. Es kann sein, dass die eine oder andere Versicherung doppelt oder überflüssig ist. Aber es kann auch sein, dass man erst bei näherer Betrachtung versteht, wie gut es ist, ein vielleicht teures Risiko mit wenig Geld finanziell abzusichern. Schaue Dir daher auch Zahlungen für Dinge an, für die Du nicht gerne bezahlst, und prüfe, ob Du hier eine andere Einstellung gewinnen kannst.

Verschaffe Dir ab und an auch einen Überblick über Dein Guthaben und Deine Verbindlichkeiten – egal wie viel oder wie wenig es ist. Lasse nichts aus. Kennst Du z.B. den aktuellen Marktwert Deiner privaten Rentenversicherung? Oder den Deiner Silbermünzen, die Du einmal geschenkt bekommen hast? Schreibe alles auf: Bargeld, Konten, Aktien, Anleihen, unternehmerische Beteiligungen, Immobilien, Grundstücke usw. Weißt Du genau wo alles liegt – etwa die einzelnen Stücke, die Policen oder Original-Unterlagen? Gibt es verdrängte Verbindlichkeiten? Aus Situationen, in denen man sich mal was geliehen hat … Weißt Du, wie Du damit umgehen wirst?

Hast Du den Gesamtüberblick für Dich in jederzeit abrufbarer Form?

Praktische Beispiele

Es ist günstig, das Konzept von „Wert“ besser zu verstehen – und sich dieses Verstehen Schritt für Schritt zu erarbeiten. Denn ohne ein solches Grundverständnis kann man den vielen praktischen Anforderungen des Alltags nicht wirksam begegnen. Die genannten Beispiele zeigen dies.

Aber auch bei Konflikten um Geld – z.B. innerhalb der Partnerschaft – ist dieses Kapitel hilfreich. Ebenso fördert es klarere Entscheidungen bei angedachten beruflichen Veränderungen. Das Verstehen von „Wert“ ist ferner ein Schlüssel, um die verschiedenen Funktionen von Geld noch besser zu verstehen.

Wichtige Funktionen des Geldes

Geld ist etwas Kostbares, aber vor allem auch etwas, das zirkulieren muss. Hat Geld eine ausreichende Umlaufgeschwindigkeit, so kommt es mehreren Menschen nacheinander (oder gleichzeitig) zugute.

Wenn man das einmal auf sich wirken lässt, dann verliert Geld seine Statik und sein Beharren und „sein“ Macht Ausüben. Es würde vielmehr zu etwas Dynamischem – zu einem dynamischen Faktor der Kommunikation, der Kreativität und des kommunikativen Austauschs zwischen Menschen. Geld wäre ein einfacher, natürlicher Ausdruck von Liebe und Wertschätzung und würde so ein lebendiges, kreatives Wirtschaftsleben unterstützen. Geld würde zu etwas Leichtem.

Damit es im Großen so werden kann, müssen wir im Kleinen beginnen.

Es ist dabei wichtig, die Frequenz, die Leichtigkeit und die Umsetzungsgeschwindigkeit im Zusammenhang mit Geld zu erhöhen. Geld ist ein großartiges Tauschmittel.

Das heißt nicht, dass Du jetzt einfach nur Dein Geld schneller ausgibst und hoffst, dass dann mehr Geld nachkommt. Du kannst es probieren, aber normalerweise klappt das nicht sehr gut.

Die Frequenz zu erhöhen heißt, dass Du im Prozess des Geldverdienens und des Geldausgebens sehr bewusst bist – und gleichzeitig voller Freude und Dankbarkeit. Das Geld, das Du hast, egal in welcher Form, sollte mit Liebe und Respekt behandelt werden. Das würde die Schwingung der Menschen und die des Geldes wirklich erhöhen. Der Umgang mit Geld würde weniger anstrengend.

Natürlich gibt es Probleme mit Geld. Fast alle Menschen haben Probleme mit Geld. Die meisten Staaten haben Probleme mit Geld. Ja, es gibt ein Meer an Problemen, mit viel Kummer und Bitterkeit, das soll nicht verniedlicht werden.

Aber wenn Du auf Probleme fokussiert bist, sinkt Deine Frequenz, nehmen Dein Fließen und Deine Lebendigkeit ab – und die Probleme sind immer noch da!

Konzentriere Dich nicht auf Probleme, auf die aktuell schwache „Fließgeschwindigkeit" in Dir, bei anderen oder beim Geld, sondern konzentriere Dich auf Dich und darauf, dass Geld in spielerischer Leichtigkeit, Freude und kreativem Ausdruck fließen darf.

Geld und Partnerschaft

Fehlendes Geld kann Partnerschaften zusätzlich schwierig machen. So wird jeden Monat vielleicht gesucht und überlegt, in einer gewissen Verzweiflung, wo denn das Geld herkommen soll, um das gemeinsame Leben zu bestreiten. Zu wenig Geld führt oft zu Stress. Das kann sich auf die Partnerschaft übertragen – etwa durch Schuldzuweisungen.

Auch viel Geld kann Probleme in der Partnerschaft befördern bzw. sichtbar machen, z.B. wenn die Partner ganz unterschiedliche Erfahrungen, Gewohnheiten oder Vorstellungen zum Geld mitbringen. Wenn der eine vor der Partnerschaft vielleicht sehr wenig und der andere sehr viel Geld hatte, unterschiedliche Lebensstile gepflegt wurden, kann dies, wie vieles andere auch, zu Spannungen führen. Es kann aber auch befruchtend sein, denn es kann neue Perspektiven eröffnen, wenn jeder bereit ist, in sich zu lernen – und auf das Wesentliche zu fokussieren.

Wenn Du Geld hast und den Eindruck, das macht Dich selbstbewusster in Deinem Auftreten, oder Du könntest deswegen jetzt auch mehr bestimmen als andere, so überprüfe Dich in dieser Haltung gegenüber Deinem Partner oder Deinen Kindern.

Wenn Partner sich voneinander trennen, beginnt vielfach ein Streit um Geld. Dabei scheint es egal, ob es nun in Hülle und Fülle vorhanden ist oder ob es gänzlich fehlt. Ein Streit kann sich über viele Jahre hinziehen. Manchmal erfolgt er „nur“ innerlich, z.B. wenn ein Mensch gerade an dem Teil des gemeinsamen Besitzes innerlich festhält, den er verloren hat, und nun aus dem Gram nicht mehr herauskommt. Manchmal erfolgt der Streit zudem äußerlich – etwa bei langen Auseinandersetzungen vor Gericht. Im Streit können alte Emotionen dann lange Zeit befeuert werden, wenn sich jeder im Recht fühlt oder Recht haben will. Enttäuschungen werden in Geld abgerechnet.

In „guten Zeiten“ einen Ehevertrag zu schließen, kann in bestimmten Fällen sehr sinnvoll sein, weil es Klarheit schafft.

Wenn Du einen Ehevertrag schließt, achte darauf, dass es in Liebe und gegenseitigem Respekt geschieht – auch im Verständnis der Situation des jeweils anderen. Achte außerdem darauf, dass Ihr ganz gegenwärtig seid – und dass es nur um den für Euch unwahrscheinlichen Fall der Fälle geht. Dadurch werden keine negativen Bilder und Ängste in die Zukunft projiziert.

Wichtige Beziehungen bestehen natürlich auch zu anderen Menschen wie Eltern, Kindern, Arbeitgeber usw. Es kann hier in Bezug auf Geld zu ähnlichen Konflikten kommen wie in der „eigentlichen“ Partnerschaft.

Damit Geld innerhalb Deiner Beziehung zu anderen Menschen nicht als Belastung empfunden wird, damit Geld für sich etwas Schönes ist und die Gemeinsamkeit mit Deinem Partner noch unterstützen kann, sind zwei weitere Partnerschaften bedeutsam: Deine Partnerschaft zum Geld und Deine Partnerschaft zu Dir. Lasse die folgenden Fragen auf Dich wirken. Nimm Dir einige Minuten Zeit und mache Dir Notizen. Auch wenn Du nicht in einer Partnerschaft bist, ist diese Übung sinnvoll und wirksam.

Obwohl diese Fragen nicht so einfach zu beantworten sind, führen sie doch zum Kern der Dinge, zum Kern von Partnerschaft und Geld.

Partnerschaft und Geld (Seite 221)

Den Job wechseln

Eine neue Tätigkeit oder eine Veränderung in der bestehenden Arbeit sind Möglichkeiten, Neues auszuprobieren, neue Fähigkeiten in Dir zu entwickeln und zu vertiefen.

Sei bei allen Schritten, die Du unternimmst, in engem Kontakt mit Deinem eigentlichen Ziel, Deiner inneren Absicht.

Und spüre in Dich hinein, ob es schon an der Zeit ist zu wechseln oder noch nicht, ob Du z.B. noch etwas für Dich abschließen solltest und Dich für neue Aufgaben vorbereiten möchtest.

Oft ist es eine Vorfreude, die Dir anzeigt, dass Du nun bereit bist für die Veränderung.

Ich erinnere mich noch sehr genau an diesen einen Tag im Frühjahr 1999. Ich lief die breite Eingangstreppe der Umweltagentur hinauf, für die ich sieben Jahre lang in verschiedenen Positionen gearbeitet hatte, und ich merkte mit einem Mal: „Hier wirst Du nicht alt. Es ist Zeit für einen neuen Schritt.“ Während ich die Stufen nahm, kam Ärger hoch über so manchen Umstand in der Agentur, die man besser organisieren müsste. Ich merkte, wie meine Energie absackte bei diesen Gedanken der Unzufriedenheit. Plötzlich – ich erinnere mich noch genau, auf welcher Stufe der Treppe ich mich befand – dämmerte mir, wie wenig Sinn es machte zu gehen, solange ich mich noch ärgerte. Denn es wäre dann ja nicht gelöst in mir. Unzufriedenheit oder Probleme könnten am nächsten Arbeitsplatz dann wieder entstehen.

Im selben Moment durchströmte mich eine große Erleichterung. Ich hatte etwas verstanden, und das nicht nur vom Kopf her: „Bevor ich hier weggehen kann, muss ich es erst lieben, hier zu sein.“ Diese Agentur mit all ihren Stärken und Schwächen so wertschätzen und annehmen, wie sie ist. Dann kann ich gehen. Denn es ist dann in mir gelöst.

All das schoss mir in einer gefühlten Zehntelsekunde durch den Kopf. Aber es hatte große Wirkung. Meine Einstellung zu meinem Arbeitsplatz begann sich sofort wieder zu verändern. Ich hörte auf, innerlich zu kämpfen, war nicht mehr gebunden an diese und jene negativen Gedanken. Statt „Love it, change it or leave it“[5] spürte ich eine neue innere Aufforderung: „First love it. Then you may leave it.”[6]

Ich konnte erneut das Wertvolle meiner Arbeit erkennen. Ich schätzte die Institution auch wieder mehr. Ich beobachtete wachsam, wenn Dinge nicht nach meinem Geschmack waren, aber ohne mich noch davon herunterziehen zu lassen, mich zu ärgern. Ich konnte dadurch plötzlich viel besser spüren, was mein „Geschmack“ für meine weitere berufliche Entwicklung ist, auf welche Veränderung ich Lust hätte und welche Fähigkeiten ich in mir entwickeln wollte.

---

5 Sinngemäß: „Was Du nicht zu lieben vermagst oder entsprechend verändern kannst, davon solltest Du Dich trennen.“

6 Sinngemäß: „Liebe zuerst, was Du tust, dann bist Du frei weg zu gehen.“ Mein Verleger fügte an dieser Stelle hinzu: „Do not even think of leaving, before you have learned to love it” (sinngemäß: „Dich von etwas (Unangenehmen) zu trennen kommt nicht in Frage, bevor Du gelernt hast, es zu lieben.“)

Ich verbrachte noch ein paar Monate in der Agentur, bis ich dann meine Kündigung einreichte.

Das gilt für vieles, über das wir uns ärgern. Wir wollen weg von diesem Arbeitsplatz oder gleich ganz von der Firma. Und wenn wir dann doch bleiben, kündigen wir innerlich. Solange wir uns ärgern, sind wir nicht frei in unseren Bewegungen, in unseren Entscheidungen, weil wir an alten Gedanken und Gefühlen kleben. Die Liebe löst diesen Klebstoff auf. Du gewinnst Freiraum für neue Entscheidungen.

Deine Geschwindigkeit bei der Arbeit

Es ist nicht ratsam, eine Arbeit anzunehmen, in der Du Dich hetzen musst, Dich wie ein Hamster im Rad bewegen musst, um die Anforderungen zu erfüllen – z.B. wenn Du in einem Café arbeiten müsstest, in dem immer zu wenig Personal ist, oder wenn Du in einem beratenden Beruf tätig wärst und keine Zeit hättest, Dich über die Lage und die Wünsche des Kunden zu informieren.

Du würdest während Deiner Arbeit dann keine Zufriedenheit und Erfüllung spüren.

Es kann aber auch umgekehrt sein, dass Deine derzeitige Arbeit Dir plötzlich sehr entspannt erscheint, sobald Du einfach aufhörst, Dich immer zu hetzen. Das kann Deine Lebensqualität, aber auch die Qualität Deiner Arbeit erhöhen.

Sich nicht so wichtig nehmen …

Schaue nicht auf andere „herunter", wenn sie weniger verdienen oder weniger haben als Du: Bewerte Menschen nicht nach ihrem Einkommen, ihrem Vermögen oder ihrem Bildungsgrad. Schau in ihr Herz. Schau auf das Göttliche in ihnen.

Es wird vielleicht automatisch passieren, dass Du Menschen irgendwie „einsortierst", Dich – bewusst oder unbewusst – anders verhältst, je nachdem, wie Du ihre Position einschätzt.

Sei daher ganz wach und präsent. Erwisch Dich bei solchen Gedanken oder Verhaltensweisen. Und sei Dir bewusst: In der Tiefe, im Sein, bist Du nicht „mehr" als der andere.

… aber auch nicht zu unwichtig

Überschätze auch nicht den Job oder die Position, welche andere haben. Wir sind sehr beeinflussbar von äußeren Bilder, die erzeugt werden.

Sei innerlich wach und präsent, dann gibst Du dem weniger Bedeutung.

Und vielleicht kannst Du manchmal erkennen, was unter der „schönen" Oberfläche wirklich liegt. Aber auch damit hältst Du Dich nicht auf.

Du bist auch nicht „weniger" als andere!

Wenn Du ganz bei Dir bist, stört es Dich nicht, wenn sich andere als „wichtiger“ oder bedeutender sehen. Es beschäftigt Dich noch nicht einmal. Es ist Dir egal, was andere über Dich denken. Denn Du weißt ja, wer Du bist.

Sinn bei der Arbeit

Eine gute Ausbildung zu haben sowie einen Beruf, den man gerne ausübt und der einen gut ernährt, ist eine schöne Sache!

Setze Dir Ziele für Deinen Beruf, ja. Aber setze Dich nicht unter Druck. Setze auch Deine Kinder nicht unter Druck. Und stelle den Beruf nicht einseitig in den Vordergrund.

Es gibt vielfältige Gründe, warum Du beruflich genau das tust, was Du gerade tust – finde sie heraus!

LERNERFAHRUNG

Frage Dich jetzt, ganz in Deiner Urkraft seiend: Um was geht es mir wirklich in diesem Leben? Warum bin ich gerade in diesem Beruf gelandet? Warum übe ich aktuell genau diese Tätigkeiten aus? Was kann ich dabei lernen? Warum habe ich mir genau diese Arbeitsumgebung ausgesucht – mit diesen Chefs, Mitarbeitern, Kollegen oder Kunden? Was kann ich dort für mich lernen und vertiefen?

Diese Fragen gelten genauso, wenn Du gerade keine oder wenig berufliche Tätigkeiten ausübst – z.B. infolge von Krankheit, während einer geplanten Auszeit, während oder nach der Kindererziehung oder in einer beruflichen Übergangssituation. Du musst die Fragen nur leicht umformulieren, damit es auf Dich passt, z.B.: Was kannst Du – gerade in dieser Situation – besonders lernen? Welche Qualitäten kannst Du in Dir jetzt entwickeln? Was ist es, was Du unter „normalen Umständen" gar nicht hättest lernen oder für Dich erfahren können?

Um innere Ziele zu erreichen, braucht es keinen bestimmten Beruf. Wichtig ist, dass Du Freude hast und erfüllt bist bei dem, was Du tust.

In bestimmten Fällen ist es schon günstig, einen bestimmten Beruf gewählt zu haben, damit etwas in Erfüllung gebracht werden kann, beispielsweise in der Musik.

Du kannst in jedem Beruf in engem Kontakt mit Deiner inneren Absicht sein. Du kannst ganz bei Dir sein. Wenn Du präsent bist, wirst Du Dich bei der Arbeit nicht mehr langweilen.

Man könnte aus dieser Ebene formulieren: Vielleicht ist es nicht so wichtig, was Du gerade tust, sondern mehr, wie Du es tust – und in welchem Bewusstsein Du handelst.

Einige Menschen denken von früh bis spät über ihre berufliche Karriere nach. Sie lenken dann all ihre Energie dorthin. Sie planen jeden einzelnen Schritt, um an die Spitze zu kommen oder dort zu bleiben.

Es kann eine schöne Sache sein, in einer Organisation „Karriere“ zu machen. Aber schau für Dich, ob neben der Lust und der Lebendigkeit auch ein Druck vorhanden ist. Wenn der Druck verschwindet, bist Du frei in Dir.

Die Menschen werden Dich dann schätzen und Dich als Vorbild empfinden.

Bleibe auch im größten äußeren Erfolg innerlich ganz bescheiden. Lasse Dich nicht mitreißen, wenn andere Dich loben für das, was Du erreicht hast. Sei ganz bei Dir. So bist Du für Dich unabhängig.

Umsetzung im Alltag

Was ist Erfolg?

Keine Frage, es hat etwas Schönes und Kraftvolles – wenn wir

- die richtigen Dinge tun,
- damit Erfolg haben,
- gesund sind,
- genug Geld vorhanden ist,
- wir „den richtigen Partner“ haben usw.

Das Schöne an einem äußeren Erfolg ist, dass Du stimuliert wirst und Dein System in eine höhere Schwingung versetzt wird.

Glückliche Lebensumstände scheinen genau das zu sein, wonach wir streben. Sie scheinen das zu sein, woran wir unseren Erfolg im Alltag festmachen. Wenn wir uns z.B. das Ziel setzen, im Monat X Euro mehr zu verdienen, und wir erreichen dies, ist es ein Erfolg. Und dagegen ist auch nichts zu sagen.

Bei Wikipedia steht kurz und knapp: „Der Begriff Erfolg bezeichnet das Erreichen selbst gesetzter Ziele.“

Oberflächlich betrachtet ist das einfach. Doch bei genauerem Hinsehen stellen sich einige Fragen: Um was für Ziele geht es genau? Um die aus der Werbung? Neues Auto kaufen? Schick gekleidet sein? Anerkannt sein? Geht es also nur um die Lebensumstände? Oder geht es um mehr?

Man sagt, dass man „sich selbst“ ein Ziel setzt. Aber welches „Selbst“ ist es, das sich Ziele setzt? Was verstehen wir unter „Selbst“? Also aus welcher Ebene heraus formulieren wir unsere Ziele? Und welche Ebene wäre günstig?

Unterschiedliche Blickwinkel

Es gibt sehr unterschiedliche Sichtweisen auf Erfolg. Unsere Bemessung von Erfolg hängt dabei nicht nur von individuellen Vorlieben ab. Sie hängt auch ganz grundsätzlich davon ab, welchen Blickwinkel wir gerade einnehmen – also was wir in dem Moment, da wir unseren „Erfolg“ bemessen, als unser „Selbst“ betrachten.

Jagd nach Erfolg

Manchmal sind Menschen wie in einer Erfolgsfalle gefangen: Sie müssen ständig neuen und größeren Erfolg schaffen, um dann für kurze Zeit ein Gefühl von Erfüllung zu haben.

Einige Menschen haben den Eindruck, dass es immer neue und größere Erfolge braucht, um sich wohl zu fühlen – um die Gewissheit zu haben, im Leben „voran“ zu kommen, um etwas zu erreichen – und so bei sich anzukommen.

Es ist, wie wenn Du eine Schokolade isst, die Du sehr magst: Du isst etwas davon, Du genießt es. Dann nimmst Du noch ein Stück, um den Genuss, die Erfahrung gleich zu wiederholen – vielleicht hoffend, dass mehr Schokolade mehr Lebensqualität verspricht. Und dann, anstatt dass Du es dabei bewenden lässt, isst Du immer weiter, bis die Tafel alle ist – obwohl Du vielleicht an einem bestimmten Punkt merkst, dass noch mehr Schokolade zu essen Deine Lebensqualität nicht weiter erhöht. Im Gegenteil: Nach der zweiten Tafel oder dritten Tafel hast Du vielleicht ein unangenehmes Völlegefühl oder gar Magenschmerzen. Deine Lebensqualität beginnt zu sinken. Wenn Du jeden Tag tafelweise Schokolade isst, leidet womöglich Deine Gesundheit und Dein Wohlbefinden. Manche werden auch dicker.

Wie Schokolade, Alkohol und andere Mittel und Verhaltensweisen kann äußerer Erfolg zu einer Sucht werden – wenn man ihn „braucht“, nach ihm jagt, wenn man unbewusst versucht, etwas auszugleichen, was einem innerlich fehlt: z.B. Frieden, Liebe und Geborgenheit.

Gesellschaftliche Anerkennung

Es ist nicht leicht, unabhängig zu werden von der Meinung anderer und von der Anerkennung anderer. Überall müssen wir unseren Mann oder unsere Frau stehen. Und die Anforderungen, die scheinbar „von außen“ kommen, sind hoch. Wir haben das Gefühl, wir müssten diesen Anforderungen entsprechen und uns danach ausrichten.

Diese Anforderungen hängen auch ab von der gesellschaftlichen Situation, der Familie, dem Land oder der Region, in der Du lebst. Es gibt dann eine Vorstellung darüber, was als erfolgreich gilt. Dabei handelt es sich meist um äußerlich sichtbare Umstände. Je mehr wir diese Bilder aus unserem Umfeld übernehmen, desto mehr sind wir auf das orientiert, was in der Umgebung als erfolgreich gilt.

Wir versuchen dann immer, unser Bestes zu geben, um den Anforderungen zu genügen, sei es im Beruf, sei es gegenüber unseren Partnern oder unserer Familie. Manchmal ist es der Wunsch, dass unsere Eltern stolz auf uns sind. Oder es sind Erwartungen von Nachbarn, Bekannten oder Kollegen, von denen wir nicht frei sind. Oder es sind die Erwartungen einer Gesellschaft, die genau zu wissen scheint, was Erfolg ist und wie man alles „richtig“ macht. Auch die immer globalere Kultur setzt Erfolgsmaßstäbe.

Es kann passieren, dass Menschen sich ganz verlieren in dem Bestreben, besonders wichtig und bedeutend zu sein – oft, weil sie sich unwichtig und unbedeutend fühlen. Sie versuchen, sich durch gesellschaftliche Bedeutung und Wichtigkeit zu komplettieren, mehr innere Fülle zu erlangen. Die Jagd beginnt dann von vorne: nach Anerkennung im Beruf, nach Anerkennung als Mann oder Frau, als Vater oder Mutter. Auf diesem Weg machst Du Dich abhängig von der Meinung anderer und leugnest Deine Vollmacht und Autorität.

Es zu etwas gebracht zu haben, wird überall anders verstanden und anders definiert. Es gibt auch Umgebungen oder Personengruppen, da ist es anerkannter, gar kein Geld oder nur sehr wenig zu haben. Sollen wir uns immer nach unserer Umgebung richten? Wo wäre da die Freiheit? Wir sollten aufhören, nach den gesellschaftlichen Idealen zu jagen. Das macht uns nicht glücklich. Wir hängen ab von den Vorgaben anderer. Die müssen nicht zu uns passen.

Je mehr Du Dich selbst spürst und je weniger Du Dich mit gesellschaftlichen Bildern identifizierst, desto mehr kannst Du Dich von ihnen emanzipieren. Du kannst dann selbst festlegen, was Erfolg für Dich ist.

Wenn der Schein trügt

Das Streben nach gesellschaftlicher Anerkennung braucht ständige Bewertungen. Diese formen sich über unsere Gedanken und Gefühle: Wir erfassen eine Situation und bewerten sie als gut oder schlecht. Wir sehen, hören oder lesen etwas und ziehen daraus gleich eine Schlussfolgerung. Der Speaker und Business-Experte Hermann Scherer sagte gar: „Wir sind Bewertungsmaschinen." Da ist etwas dran. Ständig bewerten wir Dinge oder Menschen. Haben zu allem Möglichen eine Meinung. Es ist zu einer Art Automatismus geworden.

Jeder schlussfolgert dabei natürlich etwas anderes – gemäß seiner individuell gespeicherten Erfahrungen. In der Summe aller Bewertungen ergibt sich ein „gesellschaftliches Bewusstsein".

Wenn es dann heißt: „Dies ist ein Erfolg!", so folgt dies meist nur einer oberflächlichen Betrachtung. Und die Verlockung besteht, die Oberfläche der Dinge immer weiter zu polieren, dem gesellschaftlichen Image zu folgen, um erfolgreich auszusehen. Verdrängend, dass mancher „Erfolg", der nach außen deutlich sichtbar erscheint, vielleicht gar kein so großer Erfolg ist. Ein neues großes Haus z.B. mit großem Auto davor, könnte auch auf sehr hohen Krediten beruhen, was bedeutet, dass das Geld erst noch verdient werden muss.

Viele Jahre schaute ich aus meinem Büro auf ein imposantes Bankgebäude. Die Oberflächen waren poliert, alles glänzte in Marmor-Anmutung und wirkte sehr solide, gleichzeitig unantastbar und machtvoll. Einmal betrat ich auch mit viel Ehrfurcht dieses Gebäude. Drinnen glänzte auch alles. Doch eines Tages erkannte man dann, dass bei all der schönen Oberfläche die Bilanzen doch mehr als marode waren. Die Hypo Real Estate Bank war am Ende. Sie wurde dann u.a. mit viel Geld des Steuerzahlers „gerettet“.

Mich hat diese „Sinnes-Täuschung“ sehr beeindruckt. Unsere gewöhnlichen Sinne, insbesondere das Sehen, das meist sehr stark dominiert, können vieles nicht erfassen, was unter der Oberfläche liegt. Sie werden leicht getäuscht.

Aber auch umgekehrt kann der äußere Schein trügen – etwa wenn Menschen in Art, Kleidung usw. ganz bescheiden auftreten und man ihnen einen wirtschaftlichen Erfolg gar nicht „ansieht“.

Was kann man nun tun? Wir können uns den optischen Reizen kaum entziehen. Schöne Häuser, tolle Autos, irgendetwas Edles usw. haben eine Wirkung auf uns. Man fängt an – bewusst oder unbewusst –, sich und andere einzuordnen.

Die einfachste Möglichkeit, die wir haben, ist die ganzen Bewertungen und Einordnungen einfach wegzulassen – vor allem weniger in den äußeren Schein hineinzuinterpretieren.

Statt zu denken: „Tolles Auto, wow, so reich möchte ich auch mal sein“ (aber ich weiß, ich bin es nicht) oder statt zu denken: „Tolles Auto – na die müssen es ja haben“, könntest Du z.B. wie folgt reagieren: „Oh, ein schönes Auto!“ Mehr nicht.

Statt zu denken „Wow, was für ein schickes Bankgebäude, die Bank muss wirklich sehr reich und mächtig sein“ oder statt Dich darüber zu ärgern, könntest Du z.B. wie folgt reagieren: „Ein schönes Gebäude. Alles glänzt.“ Mehr nicht.

Statt zu denken „Die ist Milliardärin, ist glücklich und hat alles, was sie sich wünscht, sie weiß, wie das Leben funktioniert“ oder statt Dich darüber zu ärgern, wieso Menschen so viel besitzen müssen, könntest Du z.B. wie folgt reagieren: „Wow, Milliardärin – das ist richtig viel Geld! Wie mag es wohl sein, Milliarden zu besitzen?“ Mehr nicht.

Sei wachsam. Gebe auch den Bildern, die andere von sich zeichnen, wenig Bedeutung. Schaue mehr, was wirklich ist.

Misserfolg als Lernprozess

Wenn die gesteckten Ziele nicht erreicht werden, spricht man oft von einem Misserfolg.

Aber was genau wäre dann ein Misserfolg?

Ein Unternehmer, der ein kleines Unternehmen aufgebaut hat, mehrere Mitarbeiter beschäftigt und eines Tages mit diesem Unternehmen in eine Absatzkrise schlittert, der plötzlich viel weniger verkauft als zuvor und sogar die Arbeitsplätze bedroht sieht, würde sich doch als vollkommen erfolglos sehen, wenn er seinen Erfolg nur anhand der Umsätze misst. Dies wäre der Fall, wenn er seinen Erfolg nicht besser definiert hat.

Unter der grauen Oberfläche des scheinbaren Misserfolgs können goldene Schätze liegen. Doch man wird sie nur erkennen, wenn man unter diese Oberfläche schaut.

Vielleicht steht gerade ein wichtiger Lernprozess für den Unternehmer an. Das gilt für jeden, der in einer schwierigen Lebenssituation wie dieser steckt. Je weniger wir den aufkommenden Ängsten nachgehen und uns damit identifizieren, je mehr wir dann im Kontakt mit uns sind, desto leichter können wir erkennen, um was es wirklich geht.

Beispielsweise könnte es sein, dass der Unternehmer zwar möchte, dass sein Unternehmen weiter wächst, aber gleichzeitig kann er nicht davon lassen, alles selbst erledigen zu wollen. Er muss sich innerlich völlig umstellen, von einem Selbständigen zu einem Unternehmer werden. Muss lernen, bestimmte Aufgaben loszulassen. Die Krise zeigt ihm auf, was er bei sich verändern muss, um weiter zu wachsen.

Aber selbst wenn das Unternehmen dann pleite geht, kann es sein, dass dadurch wichtige innere Veränderungsprozesse, die lange fällig waren, endlich angeschoben werden.

Man weiß manchmal nicht, was wirklich dahinter steckt, wenn man die Nachricht von einer Pleite oder von irgendeinem anderen Problem liest oder hört. Menschen, die im Fernsehen oder im Internet von einer Pleite erfahren, haben oft gleich eine feste Meinung. Und sie fühlen Mitleid und Resignation. Oder sie sind wütend und verurteilen, je nach vorgefasster Meinung, entweder den Unternehmer, die Politik oder sagen, dass alles immer schlechter wird.

Aber sie können völlig falsch liegen. Man weiß meist nicht, was wirklich dahinter steckt, um welche Lernprozesse es ging. Vielleicht hatte der Unternehmer selbst panische Angst vor einem Misserfolg. Vielleicht wollte er immer alles perfekt machen in seinem äußeren Leben. War zwanghaft. Er lebte vielleicht im Erfolgszwang, war in der Erfolgsfalle. Nun, im Angesicht der Pleite, ließ sich diese Fassade nicht mehr aufrechterhalten. Der schlimmste denkbare Fall war eingetreten. Genau das, was er nie wollte, ist geschehen. Der Unternehmer muss nun lassen von den alten, starren Bildern über sich und über die Welt. Und sobald der Krampf des Festhaltens sich löst, kann er neue Erkenntnisse und eine neue Tiefe in sich spüren. Er kommt mehr zum eigenen ICH. Man könnte dann sagen: ein Gewinn trotz roter Zahlen!

Er kann den Sinn dieser Krise erfassen, sein „Bestes geben“. Daraus kann neues Vertrauen erwachsen. Er kann einen neuen Weg für sich erschaffen. Und vielleicht sogar andere auf ihrem Weg unterstützen.

Auch ein Misserfolg kann sich also am Ende als Erfolg rausstellen.

Wenn wir Misserfolge beobachten – egal ob bei anderen oder bei uns selbst –, ist es immer günstig, die Dinge nicht nur vordergründig zu betrachten, sondern immer auch das Potenzial der Krise zu erahnen – also welche Bedeutung das für uns hat, worin unsere Lernaufgabe liegt. Davon hängt der Erfolg des inneren Lernprozesses maßgeblich ab. Wir müssen dann den selben Lernprozess auch nicht mehrmals durchlaufen.

Misserfolge und Schwierigkeiten sollen uns zwingen, in uns zu schauen und dort nach der Lösung zu suchen. Und die vielen Anforderungen an uns, auch die „kleinen Krisen“ im Alltag, können uns helfen, können sogar ein Ansporn sein.

Deshalb sei uns der Misserfolg genauso gegönnt wie der Erfolg. Er will nur sagen: Schau nach innen, dort liegt die Lösung!

Braucht es den Misserfolg?

Aber „braucht es“ Pleiten und große Krisen im Leben, um etwas zu lernen? „Mussten wir halt nochmal diese Erfahrung machen“, wie es manchmal heißt, vielleicht sogar mehrfach, um daraus eine Lehre zu ziehen?

Manchmal scheint es fast so, dass Menschen erst durch eine Krise richtig „aufwachen“ – sei es im Bereich des Geldes, sei es bei der eigenen Gesundheit, dem Beruf oder der Partnerschaft.

Wenn aber Menschen bereits bewusst sind, wach und konzentriert, werden sie die Zeichen früher erkennen: Sie werden rechtzeitig vorbereitet sein. Insofern „braucht es“ die Krise, den Misserfolg eigentlich nicht.

Erfolg ist relativ

Das, was für den einen gewöhnlich ist, kann für den anderen einen Erfolg darstellen. So träumt der, der nie viel Geld hatte, vielleicht davon, einmal ein wichtiger Manager zu sein oder ein Promi – und sehr viel Geld zu verdienen oder anerkannt zu sein. Und ein anerkannter, vielbeschäftigter Manager träumt vielleicht davon, einmal souverän über die eigene Zeit zu entscheiden: Freiraum zu haben, innere Ruhe zu finden und sie zu genießen.

Und wie oft träumt man genau von den Dingen, die man nicht hat?

Viele Menschen wollen etwas Besonderes sein oder wollen es werden. Der Wunsch, etwas Besonderes zu sein oder etwas Bedeutendes zu erschaffen, kann als Antrieb dienen, um mehr Kräfte frei zu setzen sowie neue Motivation zu entwickeln. Indem man über sich hinaus wächst, kann man „Großes" vollbringen. Es ist für viele „Erfolgreiche" ein wichtiger Antrieb in ihrem Leben.

Etwas Bedeutendes erschaffen zu wollen ist dennoch ein zweischneidiges Schwert. Es ist natürlich etwas sehr Schönes, große Dinge zu erschaffen, aufzubauen, etwas umzusetzen. Andererseits besteht die Gefahr, dass wir uns verlassen wollen, um jemand zu werden, der wir gar nicht sind – dass wir wie getrieben sind, Bedeutendes zu erreichen.

Hast Du Dich jemals gefragt: Was wäre denn „besonderer" als Du es bist?

Das Besondere zu erreichen, vor allem größer, schneller und besser zu sein als andere, gilt als Kriterium für Erfolg. Das ganz Große und absolut Einzigartige zu erreichen wäre dann eine Art Erfolgs-Mythos. Man hat „es" irgendwie geschafft.

Ist denn nicht jeder Einzelne besonders? Wir sind alle anders – alle einzig. Jeder Mensch hat andere Erlebnisse (in Form von Frequenzen) gespeichert. Schon deshalb reagieren wir so unterschiedlich im Alltag – tun uns manchmal schwer, einander zu verstehen. Wir sind auf der Ebene von Körper, Gefühlen und Gedanken vollkommen unterschiedlich. Es gibt Milliarden Kombinationen – und keine zwei sind gleich. Allein das ist schon etwas Besonderes!

Dennoch sind wir alle gleich in dem, was wir wirklich sind: Wir sind das, was ist. Das was allem zugrunde liegt. Wir sind die Dimension, die den Körper, die Gefühle und die Gedanken nutzt, ohne sie zu sein. In dieser Dimension, in dieser Präsenz gibt es kein Mehr und kein Weniger. Es gibt kein Besser und kein Schlechter.

Wie kann es sein, dass wir einzig sind und doch nicht mehr als der Andere? Dass wir einzig sind und dennoch eins? Ist das nicht ein Widerspruch?

Schritte der Umsetzung

Wie können wir uns im Alltag immer mehr auf das fokussieren, worauf es wirklich ankommt?

Und wie können wir sicherstellen, dass wir unsere neu erlernten Fähigkeiten nicht nur nutzen, um im Alltag besser dazustehen? Nach dem Motto: „Ich habe mehr Geld (oder ein anderes Ziel erreicht) und weiß jetzt, wie die Welt funktioniert – worauf es ankommt!“

Natürlich ist es toll, wenn Du ein praktisches Ziel erreicht hast. Du lernst immer mehr zu vertrauen – in Dich und in Deine Fähigkeit zu erschaffen. Aber bleibe nicht stehen bei ein paar praktischen Erfolgen. Es ist nur das Vorspiel zu einem viel größeren Spiel – einem Spiel, in dem „Erfolg" noch einmal anders definiert wird.

Klare Wünsche und Ziele formulieren

Wünsche, die das Geld betreffen, sind meistens Wünsche, die im Außen liegen: etwa ein Boot, ein besonderes Auto oder ein Haus am Meer zu besitzen, einen guten Lebensstandard zu haben und vieles andere mehr.

Der Punkt ist zunächst: Ob diese Wünsche wahr werden, liegt nicht alleine in Deiner Hand. Wenn Du Dir z.B. wünschst, das Doppelte zu verdienen, so muss es jemanden geben, der Dir dieses Geld gibt. Eine Möglichkeit wäre z.B. eine Gehaltserhöhung – oder mehr von einem Produkt zu verkaufen. Dafür braucht es Käufer.

Ein Ziel wäre etwas, das Du konkret umsetzen kannst: Du kannst selbst etwas tun – z.B. mehr davon herstellen. Das liegt in Deiner Hand.

Ein Ziel wäre also direkt umsetzbar. Es braucht keinen Dritten, damit es in Wirkung geht. Ziele liegen in unserem unmittelbaren Einflussbereich. Es ist damit möglich, dass wir in diesem Rahmen unmittelbar gestalten. Es ist hingegen nicht möglich, das System anderer, z.B. Entscheidungen der Käufer, direkt zu beeinflussen – außer durch Manipulation.

Wenn Du Dein Gehalt verdoppeln möchtest, Du aber keinen Einfluss hast auf das Verhalten Deines Arbeitgebers, also keine Vollmacht, Dein eigenes Gehalt zu erhöhen, so bleibt nur, Dein eigenes System zu verändern. Das bedeutet, Dich innerlich für die

Erfüllung Deines Wunsches zu öffnen – und auch konkrete Vorbereitungen zu treffen, z.B. eine bestimmte Ausbildung zu absolvieren oder Deine Kommunikation zu verändern.

Wenn Du das, was Du erreichen möchtest, so formulierst, dass es direkt ist und Du es ohne das Zutun Dritter verwirklichen kannst, wirst Du Herr Deiner Ziele. In dieser Definition ist ein Ziel immer erreichbar.

Bei Wünschen ist das anders. Es kann durchaus sein, dass ein Wunsch – zumindest in der Form, in der er formuliert wurde – nicht in Erfüllung geht. Kann es dennoch sinnvoll sein, sich Dinge zu wünschen, z.B. bessere Umstände, auch wenn deren Erfüllung in Teilen von anderen abhängt?

Die Antwort ist „Ja"

Die Chance beim Wünschen ist: Ein Wunsch hilft uns, in eine bestimmte Frequenz zu kommen. Wenn wir uns beispielsweise mehr Geld wünschen oder ein großes, schnelles Auto, das wir uns aktuell nicht leisten können, so kann es hilfreich sein, zunächst eine konkrete Vorstellung über diesen Wunsch zu entwickeln: Was für ein Auto ist es, welche Farbe hat es, und wie fühlt es sich an, wenn wir in ihm sitzen …?

Der Wunsch, dieses Auto zu kaufen, würde zwar kurzfristig an dem verfügbaren Bargeld scheitern. Aber die Frequenz, wie es konkret ist, dieses Auto zu fahren, hilft uns, in Aktion zu kommen. Und über die Resonanz können sich nun neue Gelegenheiten, Begegnungen etc. ergeben, die uns helfen, diesen Wunsch in Erfüllung zu bringen. Über die Wahrnehmung der Frequenz oder des Bildes, wie es sich anfühlt, dieses Auto zu fahren, entsteht eine neue Anziehungskraft in uns.

Wenn Du jedoch an der Erfüllung des Wunsches „klebst", bist Du nicht mehr neutral und frei, sondern bist gefangen in Deinen Gedanken und Gefühlen – beispielsweise wenn Du das Auto nun unbedingt besitzen musst oder etwas anderes unbedingt „brauchst". Oder wenn Du Dir z.B. einen neuen Partner wünschst und gerade ist keiner da, und nun willst Du es unbedingt – dann wird es sehr anstrengend …

Eine freudige, öffnende Frequenz in Dir für diesen Wunsch zu erzeugen, das wäre sofort als Ziel umsetzbar, vor allem wenn Du über ein Training und die nötige Konzentration verfügst. Du kannst also immer und sofort etwas Konkretes tun, indem Du die Frequenz erstellst, in der Dein Wunsch erfüllt ist.

Das Günstigste wäre also, die Frequenz einfach zu erstellen und dabei nicht an der (äußeren) Erfüllung des Wunsches zu hängen.

Einen Wunsch konkret zu formulieren und zu visualisieren hilft uns, über ihn leichter und schneller in eine Schwingung zu kommen, die uns in unserer Entwicklung fördert und unterstützt, die uns guttut und eine neue Anziehungskraft erschafft.

Die Chance, dass auch der Wunsch in Erfüllung geht – oder etwas für uns noch Besseres in Erfüllung geht – steigt.

Eine Zusatzfrage könnte sein (für Ziele-„Profis“): Wenn Du mit einem Wunsch das Erreichen einer bestimmten Seins-Qualität verbindest, also Du Dich im Moment der Erfüllung Deines Wunsches in besonderer Weise wahrnimmst, wäre es denn möglich, dass Du diese Seins-Qualität auch auf andere, vielleicht viel einfachere Weise erreichen kannst?

Und noch ein paar Tipps und Ideen zur Durchführung der Übung:

Sitze bei der Visualisation aufrecht und entspannt, spüre Deinen Körper. Das verhindert, ins Denken abzugleiten. Auch kann es helfen, durch Schließen der Augen die Ablenkung über den Seh-Sinn zu verringern.

Einige Seminarteilnehmer berichteten, dass es Ihnen bei der Visualisation leichter fällt, wenn Sie bei der Übung eine Hand auf ihr Herz legen. So waren sie weniger abgelenkt von Gedanken. Prüfe, wie es für Dich am besten ist.

Wenn Du gerne mehr Zeit hättest für die einzelnen Fragen, variiere wie folgt: Unterbreche die Aufnahmen in den Sprechpausen. Nimm Dir Zeit für die Kreierung Deiner Wünsche und Ziele.

Wenn Du möchtest, mache eine Visualisation jeweils für einen Lebensbereich, also z.B. Sinn, Beruf, Geld, Partnerschaft, Körper und Gesundheit, indem Du Dir, wie oben beschrieben und eingeübt, genaue Wünsche und Ziele erstellst.

Sei achtsam bei der Übung mit dem, was Du Dir wünschst, denn die Übung ist sehr kraftvoll. Während der Visualisation kannst Du über Deine Wahrnehmung zugleich überprüfen, ob dieses Ziel und dieser Wunsch tatsächlich zu Dir passen.

Überhaupt: Wenn Du im Alltag Wünsche hast, überprüfe diese innerlich. Stimmt der Wunsch wirklich? Kommt er von Herzen? Es besteht sonst immer die Gefahr, dass wir uns etwas wünschen, das vor allem im gesellschaftlichen Bewusstsein als „erfolgreich" gilt, das uns aber am Ende nicht in erhoffter Weise erfüllt.

Sind wir weg vom Ziel?

Manchmal führt ein Impuls in eine ganz andere Richtung als man eigentlich erwartet. Sei offen dafür. Sei innerhalb der nächsten Tage achtsam in Bezug auf neue Begebenheiten, auf Begegnungen und neue Ideen. Vielleicht legst Du Dir ein Schreibbuch zu, falls Du noch keines führst, und notierst einfach, was Dir einfällt.

Es ist auch folgendes möglich: Du möchtest z.B. ein großes und erfolgreiches Unternehmen aufbauen. Du visualisierst dies. Du weißt, Du hast die notwendigen Fachkenntnisse. Aber Du verfügst vielleicht nicht über die erforderliche Willensstärke. Oder das nötige Durchhaltevermögen. Aber Dein Wunsch ist stark. Kraft Deiner Visualisation kann es dann passieren, dass Du plötzlich in eine scheinbar schwierige Situation kommst, in der Du genau diese Qualität, diesen Aspekt von Willensstärke oder Durchhaltevermögen entwickeln darfst.

Zwischenschritte sind sehr wichtig. Sie bereiten uns vor für das, was wir am Ende erreichen können. Das, was uns scheinbar ablenkte, führt uns hin zum Ziel.

Wenn Wünsche anders in Erfüllung gehen, als wir dachten

Es kann am Ende auch sein, dass Dein Wunsch in ganz anderer Form in Erfüllung geht – also in einer Weise, mit der Du nicht gerechnet hättest. Sei offen dafür, vor allem, wenn Du Dich schon länger mit Zielen, Wünschen und innerer Entwicklung befasst. Die Summe Deines inneren Systems weiß oft besser als nur Dein gedanklicher Anteil, was sie wirklich braucht.

Vor vielen Jahren saß ich an einem schönen Spätsommertag im kleinen Vorgarten des Berliner Mietshauses, in dem ich wohnte, und überlegte: Wo und wie möchtest Du leben? Ich visualisierte ein Traumhaus im Süden von Frankreich. Ich stellte es mir in allen Einzelheiten vor, welche Größe, wie der Garten aussah, wie ich durch die Räume lief, welches Lebensgefühl ich hatte usw. Dieser Traum, so dachte ich, würde sich eines Tages wohl erfüllen können. Er spielte dann in den Folgejahren zwar keine große Rolle mehr, war aber auch nicht „gelöscht“. Er war unterschwellig weiter vorhanden. Eines Tages, ich wohnte nach der Sanierung eines alten Hauses inzwischen im Umland von Berlin, merkte ich plötzlich, dass dieser alte Traum von Südfrankreich nicht mehr existierte. Es war, als hätte er sich in Luft aufgelöst. Ich wunderte mich darüber: Wie konnte das sein? Ich schaute mich um. Und mir dämmerte, dass wohl viele der Qualitäten, die ich mir mit dem alten Traum gewünscht hatte, offenbar am jetzigen Standort schon erfüllt worden waren: Wald und Wasser, im eigenen Haus wohnen und die damit verbundenen inneren Qualitäten, z.B. mehr die Verbindung mit der Natur zu erfahren und darin auch noch besser loslassen zu können. Die Essenz des Traumes oder Wunsches hatte sich voll konkretisiert – wenngleich in anderer Form als gedacht.

Ich hatte zuvor, also während der Visualisation, die Vorstellung, dass es vor allem um Frankreich ging – als Standort. Selbst der Duft der südfranzösischen Vegetation war Teil der Visualisation. Ich müsste wohl sagen: mein Ziel, in Südfrankreich zu leben, hatte ich nicht erreicht. Doch das wäre nur vordergründig. Denn am Ende ging es gar nicht um jeden äußeren Aspekt des Bildes. Es ging vielmehr um eine bestimmte Qualität, vor allem innere Qualität, die ich mir für mein Leben wünschte. Es ging mehr um das, was hinter der gewünschten Form lag.

„Umgekehrte" Visualisation

Manchmal fallen einem keine konkreten Ziele und Wünsche ein, die wirklich lohnen.

Du kannst, mit etwas Training, einfach „umgekehrt" vorgehen, indem Du die Wunsch-Qualität Deines Seins visualisierst. Wie genau möchte ich am liebsten sein? Wie möchte ich mich innerlich fühlen? Du fühlst und spürst in Deiner Visualisation, wie Du bist – in der gewünschten inneren Qualität.

Danach kannst Du die Vorstellung dieser Qualität auf unterschiedliche Lebenssituationen übertragen.

Angenommen, Du wünschst Dir eine starke innere Präsenz und Gelassenheit – ganz egal, was passiert. Dann stellst Du Dir z.B. eine wichtige Situation vor, die bald auf Dich zukommt, etwa eine Prüfung oder ein schwieriges Gespräch: Du bleibst in Deiner Vorstellung weiter in dieser Qualität des Seins, in dem Empfinden von

Präsenz. Du stellst Dir (idealerweise positiv) vor: Wie würde die Situation dann ablaufen?

Mehr Konzentration durch „abstrakte" Visualisation

Eine weitere Möglichkeit ist, einfach „Präsenz" in Dir zu visualisieren, nachdem Du eine genaue Vorstellung gewonnen hast, wie Präsenz sich „anfühlen" könnte in Deinem Körper. Du kannst dabei den Titel „Präsenz" auf meiner CD[7] „Die Reise zum Mittelpunkt des Geldes" zu Hilfe nehmen.

Eine für einige noch leichter vorstellbare Variante wäre, Licht in Deinem Körper zu visualisieren, es dabei zu verstärken – und dieses Licht in der Vorstellung bis in die Mitte einer jeden Zelle auszudehnen (Du kannst dazu die CD[8] „Licht" von Yashi Kunz nutzen).

Bei starker Konzentration fühlt es sich an, als würde sich die Schwingung Deiner Zellen erhöhen. Du kannst die Wirkung deutlich spüren! Dein Niveau an Energie steigt. Gleichzeitig entsteht mehr Ruhe.

Ein sehr großer Vorteil solcher „abstrakter" oder „formloser" Visualisationen ist, dass diese nicht mit alten Bildern verknüpft sind, z.B. solchen, die wir mit Erfolg verbinden. Und doch wirkt gerade diese „formlose" Visualisation in alle Lebensbereiche hinein.

---

7 Ralf Domrös (2018): „Die Reise zum Mittelpunkt des Geldes. Der souveräne Weg zu gesunden Finanzen (CD)"; VCB Verlag.

8 Yashi Kunz (2015): „Licht (CD)"; Lightball Media Verlag.

Ein weiterer Vorteil ist, dass Du dadurch Deine Konzentrationsfähigkeit im Laufe der Zeit stark erhöhst.

Wie gut sich innere Bilder übertragen, hängt von verschiedenen Faktoren ab. Auch der Körper ist nicht unwichtig. Wenn Dein Körper in guter Verfassung ist, kannst Du die Konzentration viel besser in Dir halten, als wenn der Körper geschwächt ist. Und neue innere Bilder können sich besser in Dir umsetzen.

Wichtig ist auch, gewonnene Erkenntnisse praktisch umzusetzen. Wenn wir uns z.B. Frieden und Ruhe für den Alltag wünschen, dies auch spürbar visualisieren können, aber die kleinsten Dinge im Alltag regen uns noch auf, dann ist unser System noch nicht im Gleichgewicht. Es ist wichtig, aus der Präsenz zu beobachten: Wie sehr durchdringen unsere Erkenntnisse bereits unser tägliches Denken und Handeln?

Der Alltag ist ein Gradmesser dafür, wie fundiert unsere Erkenntnisse schon sind, wie sehr diese schon Teil von uns geworden sind.

Den eigenen Erfolg definieren

Jeder scheint zu wissen, was Erfolg ist. Doch merken wir bei genauerer Betrachtung: So einfach ist es nicht! Wir müssen genau hinschauen, um unseren eigenen Erfolg sinnvoll zu definieren.

Tun wir es nicht, besteht die Gefahr, dass wir leicht geblendet werden, schnell beeindruckt sind von dem, was allgemein als Erfolg dargestellt wird. Wir verlieren uns dann in dem Bestreben, mehr und besser zu sein als andere, werden einseitig in unserem Handeln, jagen den falschen Dingen nach. Oder aber wir schrauben unsere Ziele und Wünsche runter, um keine Enttäuschungen zu erleben. Das aber geht dann auf Kosten des Selbstbewusstseins und unserer inneren Lebendigkeit.

Wir müssen die Kriterien für unseren Erfolg daher ständig überprüfen, sie neu fassen. Wir müssen bessere und genauere Kriterien für Erfolg entwickeln. Wir brauchen eine neue Messlatte, an der wir den eigenen Fortschritt ablesen können.

Mehrdimensionaler Erfolg

Beispiele: Ein Erfolg auf der körperlichen Dimension wäre, XY kg mehr oder weniger zu wiegen. Ein Erfolg auf der Ebene der Alltags-Gefühle wäre, weniger an Existenzängsten zu leiden, etwa in Bezug auf Geld. Ein Erfolg auf der Ebene der Gedanken, aber auch der körperlichen Materie wäre, eine gewünschte Summe Geldes am Ende zur Verfügung zu haben. Das sind die Dimensionen, in denen die allermeisten Ziele und Wünsche liegen. Sie sind relativ leicht formulierbar und einfach messbar.

Es gibt eben aber auch Erfolgsmöglichkeiten jenseits dieser drei Dimensionen. Sie werden oft nicht als solche wahrgenommen. Ein Beispiel ist der Millionär aus dem Kapitel „Umgang mit Erbe, Lotto, Insolvenz“, der sein ganzes Vermögen verlor und insolvent wurde. Es handelt sich nach gewöhnlichen Kriterien um einen Misserfolg – messbar anhand des Kontostands, spürbar anhand negativer Gedanken und Gefühle, wie Selbstvorwürfe etc.

Wenn die Person daraus wirklich etwas lernen wollte, könnten sich wertvolle Erkenntnisse einstellen, alte Haltungen könnten sich verändern, neue innere Qualitäten erlernt werden: beispielsweise im positiven Sinne demütiger zu sein, die alte Gier und die unterschwelligen Existenzängste endlich loszulassen – oder eine liebevollere Sicht zu entwickeln, sich selbst mehr anzunehmen und dadurch in eine bessere innere Balance zu kommen sowie die Möglichkeit, den Sinn des Lebens und die Kriterien für den eigenen Erfolg neu zu erkennen und neu zu definieren. Man könnte sagen: Erfolg auf einer anderen Ebene.

Wir haben einen Körper, wir haben Gefühle und Gedanken und wir haben die Fähigkeit zu noch feineren Wahrnehmungen. Es gibt also ganz unterschiedliche Dimensionen des Mensch-Seins. Erfolg müssen wir daher aus diesen unterschiedlichen Dimensionen gleichzeitig betrachten.

Zusammenspiel der Dimensionen

Wir dachten lange, unsere Gedanken seien der Mechanismus, der unser System koordiniert. Wir dachten, unsere Gedanken seien quasi die letzte Instanz, wenn es um wichtige Entscheidungen geht.

Doch das Beispiel des Millionärs, der sein ganzes Vermögen verlor, zeigt: Das normale Denken ist zu eng. Es kann die unterschiedlichen Aspekte von Erfolg nicht überschauen. Es kann die verschiedenen Ebenen von Erfolg weder gewichten noch diese ausreichend koordinieren.

Da wir dies über den Verstand nicht leisten können, brauchen wir einen effektiveren Mechanismus – eine übergeordnete Koordination der verschiedenen Erfolgsdimensionen. Nur so wird aus einem eindimensionalen Erfolg ein mehrdimensionaler.

Stelle Dir vor, Du fährst Ferrari. Der Motor hat vielleicht 12 Zylinder. Aber Du fährst die ganze Zeit nur auf 3 Zylindern. Sicher reicht das, um irgendwie durch die Stadt zu kommen. Klar, es wird schon gehen. Aber das ganze Leistungspotenzial kannst Du nur abrufen, wenn Du auf allen 12 Zylindern fährst. Das Problem ist, wenn Du die ganze Zeit nur auf 3 Zylindern gefahren bist, und Du glaubst, es gibt nur diese 3 Zylinder, erscheint es wie Science Fiction, dass der Wagen 12 Zylinder haben könnte. Kannst Du Dir das vorstellen? Vermutlich würdest Du Dir nicht die Mühe machen, auf 12 Zylindern zu fahren. Weil Du nicht glaubst, dass es geht.

Du hast diesen Motor mit 12 Zylindern. Du nutzt ihn, um Dich fortzubewegen. Aber Du bist nicht der Motor. Du bist der Fahrer.

Je mehr Du wirklich bei Dir bist, desto mehr nimmst Du Deine Position als Fahrer ein. Du lenkst Dein System und nutzt beim Anfahren die Kraft aller Zylinder. Als Fahrer hast Du Zugriff auf Dein gesamtes Potenzial.

Es ist nicht das Denken, sondern es ist eher eine Art gedankenloses Sein, das unsere verschiedenen Ebenen wirkungsvoll zusammenspielen lässt. Wie genau würde das funktionieren?

In diesem Zustand des Seins tun wir ja nichts im eigentlichen Sinne. Es ist eher so, dass wir beobachten, auf liebevoll-neutrale Weise – ohne dass wir diesen Zustand gleich wieder verlassen, um etwas zu analysieren und zu bewerten. Dann geschieht etwas fast Wundersames: Im Beobachten erkennen wir die Summe dessen, was ist. Sie ergibt sich aus dem Zusammenspiel aller wichtigen Aspekte. Die innere Präsenz ist das, was koordiniert. Sie weiß, was zu tun oder zu lassen ist.

Im Nachgang: Fragen und Antworten

Manchmal werden scheinbar einfache Fragen gestellt, die dann doch aus unterschiedlichen Sichten beantwortet werden müssen. Beispielsweise: Wie kann man sich innerlich noch mehr unterstützen, seinen Wohlstand zu vergrößern? Oder: Braucht es eine Balance zwischen innerem Reichtum, Geld und Glück? Wie wird man reich?

Mehr Wohlstand ohne den üblichen Stress?

„Money Creation" ist eine verführerische Sache. Es ist eine schöne Sache, sich Geld zu erschaffen.

Aber die Verführung ist dort, wo wir Geld um des Ansehens willen vermehren wollen. Wo wir dem Geld aus Gier und Raffsucht nach rennen, weil sich unser Ego nichtig fühlt und hofft, sich mit mehr Geld „wertvoller" zu machen.

Das Verführerische an dem Thema der „Money Creation" ist, wenn sie nur um eine billige Erhöhung der Geldmenge kreist, aber nicht mit dem eigentlichen Ziel in Verbindung steht, nämlich das zu erfüllen, weswegen wir wirklich hier sind.

Geld erschaffen ist etwas Schönes. Aber es ist nicht so gedacht, dass das Geld nur des Geldes wegen zusammengerafft wird. Es ist nicht so gedacht, dass wir auf einem Level von Gier stehen bleiben. Und uns dann, wenn wir etwas Geld haben, ausruhen auf unseren Lorbeeren, bis irgendwann die alte innere Struktur doch wieder hervorkommt.

Es würde Dich nicht weiterbringen. Es ist wie mit dem Rost, der übermalt wird und der trotzdem immer wieder hervorkommt, egal wie viele Schichten Farbe man auch aufträgt.

Das Verführerische an „Money Creation“ ist, auf diesen unteren Ebenen stehenzubleiben.

Gleichwohl möchten wir mit einer Formulierung beginnen und den Prozess beschreiben, wie Du Dich innerlich noch mehr dabei unterstützen kannst, Geld zu erschaffen, so dass Du es in Deinem Portemonnaie hast.

Das Folgende ist ein ganz praktischer Ansatz, eine Übung.

MONEY CREATION (QR SEITE 224)

Innerer Reichtum, Geld, Glück: Wo liegt die Balance?

Wie wird man reich?

Innerer Reichtum ist eine Geisteshaltung, wenn Du so möchtest. Diese Geisteshaltung ist gerichtet auf Frieden, Freiheit, Liebe und den Genuss des Lebens. Es ist das, was wir uns im Grunde unseres Herzens, in unserer eigentlichen Urabsicht zu leben, erwünscht haben.

Du wirst dadurch reich, dass Du Dich auf diese Urabsichten besinnst, Dich darauf orientierst und Dich nicht durch äußere Umstände davon ablenken oder abhalten lässt.

In der Praxis bedeutet dies, eine Arbeit zu tun, die eine innere Arbeit ist: eine Arbeit, die der Entfaltung der eigentlichen Absicht, weshalb wir hier sind, entspricht.

Der äußere Reichtum ist eine schöne Sache. Er ist ein Spiel in der Polarität. Und er gibt einem bestimmten Geschmack einen Ausdruck. Menschlich betrachtet verhilft uns das Geld dazu, dass wir unsere Nerven entspannen, dass wir kaufen können, was für uns wichtig ist. Ein äußerer Wohlstand kann somit ein schöner Rahmen für eine innere Entwicklung sein. Auf einer tieferen Ebene ist Reichtum jedoch vollkommen unabhängig davon, wie viel Geld Du besitzt. Dieser Reichtum ist eine innere Qualität. Sie ist die Qualität, nach der wir streben.

Das Geld ist ein Platzhalter geworden für die unerfüllten Sehnsüchte der Menschen. Sie hoffen so sehr, dass sie die innere Erfüllung, den inneren Reichtum spüren. Und haben die Idee, dass das Geld diesen inneren Reichtum ermöglicht. Dass das Geld der Schlüssel ist für Erfüllung, Lebendigkeit und all das, wofür wir gekommen sind.

Und die, die sterben und viele Milliarden auf dem Konto haben, sie wissen – und manchmal wird es erst kurz vor ihrem Tod so richtig klar –, dass sie das Geld nirgendwohin mitnehmen können. Sie erfahren in der „Praxis“, was es heißt, dass jede Form irgendwann vergeht.

Die Form ihres Geldbesitzes, also dass es ihr Geld ist, dass es ihnen gehört, wie es angelegt ist, all die festen Gedanken, die sie während ihres Lebens über Geld hatten, lösen sich auf in einer Sekunde.

Nur über Geld Glück zu erstreben, würde nichts bringen, kann nicht funktionieren, weil keine äußere Form, welcher Gestalt auch immer, in der Tiefe glücklich macht. Es sorgt für ein kurzes Aufflackern in Dir wie ein Strohfeuer, aber es ist nicht die Glut, die Dich dauernd wärmt.

Dafür braucht es eine Veränderung in Dir, hin zu Dir, zu dem, der Du wirklich bist. Wenn Du es erkennst, wirst Du von Zufriedenheit, Glück und einem inneren Lächeln durchströmt.

Wie kann man unabhängiger werden?

Der Punkt ist, dass Menschen, die schon auf dem Weg sind, sich noch zu sehr abhängig machen von äußeren Bewertungen.

Es ist, wie wenn sie ihren Erfolg mit dem falschen Instrumentarium messen. Doch wenn Du ein unzureichendes Messinstrumentarium hast oder nicht recht weißt, was Du messen möchtest, kann die Messung auch nicht richtig durchgeführt werden. Ein Fotograf oder ein Hobby-Fotograf kann mit einem Belichtungsmesser nicht die Entfernung messen oder damit scharfstellen. Dafür braucht es einen Autofokus oder eine manuelle Fokussierung.

So musst Du Dein eigenes Messinstrumentarium für Deinen Erfolg aufbauen und verfeinern.

Wenn Du Dich fragst, ob die inneren Erfolge immer zu einem äußeren Erfolg führen, so wäre die Antwort: Miss den inneren Erfolg nicht im Außen, miss den Erfolg im Inneren. Miss Deinen inneren Fortschritt, Deine innere Erfüllung. Erkenne auch die „Themen", die Du schon lösen konntest.

Mache Dich nicht abhängig von dem, was im Außen geschieht. Nimm das Außen als einen Spiegel, einen Impulsgeber oder einen Ideengeber für das, was Du in Deinem System, in Deiner Seele jetzt lösen möchtest, was Du klären, durchdringen oder genießen möchtest – mehr nicht.

Miss den Erfolg nicht im Außen. Aber freue Dich, wenn er „wie zufällig" Deiner inneren Veränderung folgt. Dann genieße das Feedback im Außen und heiße es freudig willkommen.

Aber auch dann: Miss nicht an Deinem äußeren Erfolg, ob Du es wert bist zu leben.

Verknüpfe Dich auch nicht mit Deinem äußeren Erfolg, wenn er da ist. Es ist der Moment der großen Prüfung. Wenn Du Dich nicht mit Deinem äußeren Erfolg identifizierst, egal wie bedeutend er nach gesellschaftlicher Meinung ist, bleibst Du frei. Wenn Du jetzt das „Angebot" ausschlägst, Dich geschmeichelt zu fühlen durch das, was andere Dir „Schönes" sagen, bleibst Du für Dich unabhängig.

Und wenn Du schwingst im äußeren Erfolg und in innerer Fülle, so ist es ein Wechselspiel, das sich befruchten kann.

Du kannst aber auch in innerer Fülle leben, ohne nach einem Erfolg im Außen zu streben. Es ist völlig legitim, und es ist auch eine Frage des persönlichen Geschmackes, den Du leben willst.

Manchmal sind Menschen in dem Sinne erfolgreich, dass sie z.B. in einem Projekt vorankommen, ohne dabei Geld zu verdienen. Es sind vielleicht wichtige Prozesse, wichtige Aspekte, die sie in dieser Zeit in sich integrieren, wichtige Lernaufgaben, die sie erfolgreich meistern.

Es ist im Außen nicht immer gleich ablesbar, wenn wir solch innere Durchbrüche erreicht haben. Aber es ist konkret spürbar in uns: in Form von Mehr-verstanden-Haben, Mehr-erkannt-Haben, in einer neuen Leichtigkeit oder in einer anderen Art, die Dinge anzugehen.

Und es kann sein, dass diese neue Qualität eine neue Anziehung, eine neue Attraktivität in uns erschafft, die im Außen bald Veränderung bewirkt.

Nachbetrachtung

Als ich vor einiger Zeit begann, an diesem Buch zu schreiben, ging es zunächst darum, einen frischen Blick darauf zu werfen, was Geld eigentlich ist – wie es entsteht, wie es vergeht und wie wir im

Alltag sehr effektiv damit umgehen können. Im ersten, bisher unveröffentlichten Band sammelte ich Erlebnisse aus der Praxis, um auf unterhaltsame Weise etwas über das Wesen von Geld und unser menschliches Verhalten zu lehren: ein Buch zum Schmunzeln und Nachdenken. Doch am Ende war meine Neugier eher größer geworden als befriedigt. Ich fragte mich: Wo ist der wirkungsvollste Punkt, um zu einem wirklich wunderbaren Umgang mit Geld zu kommen? Worauf können wir vertrauen, worauf müssen wir uns fokussieren? Unter welchen Randbedingungen wären auch die vielen Geldprobleme auf diesem Planeten lösbar?

Mir war immer klar: Wer über Geld spricht, muss vor allem über Menschen sprechen. Denn diese sind es, die das Geld erschaffen und damit umgehen. Es geht also auch darum: Wer sind wir? Was bewegt uns wirklich? Erst dann kommen wir zu einer befriedigenden Gesamtsicht. Erst dann können wir praktische Lösungen erreichen, die auch nachhaltig sind – im Kleinen wie im Großen.

So hat sich die Betrachtung während des Schreibens immer mehr vom reinen Geldbezug gelöst. Denn das, worum es geht, findet in vielen Bereichen Ausdruck und Anwendung – privat oder beruflich. Es findet unter anderem Anwendung in der Kommunikationsforschung, im Produkt-Verkauf, bei der Mitarbeiterführung sowie bei Veränderungs- und Kreativ-Prozessen.

In wirklicher Präsenz sind wir wach. Gegenwärtig. Halten nicht um jeden Preis an alten Kamellen fest. Lassen uns im Alltag viel weniger ablenken von ungünstigen Gedanken und Gefühlen, von überholten Konzepten. Unsere Entscheidungen bekämen ein neues, ein besseres Fundament. Die Kommunikation in unserem Leben würde sich deutlich verbessern – gerade auch die schwierige. Wirkliche

Veränderungen können überhaupt nur aus dieser Ebene erreicht werden.

Doch würde „Mehr Geld durch innere Präsenz“ das Thema unzulässig verkürzen. Zum einen haben viele Menschen Geld und Vermögen, dennoch ist ihre Lebenssituation rund um das Thema Geld nicht entspannt. Bei ihnen geht es nicht immer um „mehr Geld“, wie Beispiele aus dem Buch zeigen. Es geht auch um praktische Fragestellungen: z.B. Geld passend anzulegen, es zu schenken, zu vererben, sinnvoll einzusetzen. Es geht darum, Streit um Geld zu beenden, überhaupt in mehr Freude und Gelassenheit zum Geld zu leben. Die Erkenntnisse des Buches sind anwendbar in vielen kniffligen Situationen und Projekten, bei denen Geld im Spiel ist.

Praktische Übungen

Kurze Erläuterung: Bei einigen der hier versammelten Übungen ist statt eines Textes ein QR-Code angegeben. Mit einer Barcode- oder QR-Code-App kannst Du Dich auf die Verlags-Website[9] leiten lassen, um die fragliche Übung als MP3-Audio-Datei anzuhören oder herunterzuladen.

Geldbeutel

Nimm nun Deinen Geldbeutel in die Hand. Fühle ihn, betrachte ihn: Was strahlt er für Dich aus? Angenommen, er würde eine bestimmte Haltung seines Besitzers ausstrahlen, welche wäre dies?

Öffne den Geldbeutel jetzt: Wie würdest Du die Inhalte und ihre Anordnung beschreiben? Klar und übersichtlich? Oder eher durcheinander? Konzentriert auf das Wesentliche? Oder überladen? Vielleicht sogar vollgestopft mit allem Möglichen? Liebevoll sortiert? Oder hastig eingeordnet? Wie ist der Gesamteindruck?

Angenommen, Dein Geld hätte Gefühle: Wie würde es sich bei Dir fühlen? Wäre es in Deinem Geldbeutel gut und sicher verwahrt, geachtet und wertgeschätzt?

9 https://verlag.cbloess.de/product/ralf-domroes-reisebuch/

Haltung

Doch wenn Haltung eine wichtige Rolle spielt: Welche Haltung wäre dann ideal? Wie wärest Du gerne im Umgang oder bei Entscheidungen mit Geld? Vielleicht kommt Dir dazu ein Bild, eine Idee oder eine Wahrnehmung. Welche Haltung hättest Du gerne? Was fällt Dir spontan ein?

- Wenn Du Überweisungen tätigst?
- Oder Deine Kontoauszüge durchschaust?
- Wenn Du siehst, dass ein Kunde gerade seine Rechnung an Dich überwiesen hat. Wie könnte Deine innere Haltung sein? Was würdest Du Dir wünschen?
- Wenn Du im Supermarkt an der Kasse stehst und gerade bezahlst?
- Wenn Du Geldscheine aus Deinem Portemonnaie nimmst und sie in der Hand hältst.
- Wenn Du größere Ausgaben oder Investitionen planst? In welcher inneren Haltung möchtest Du sein?
- Wenn Du gerade entscheidest, wie Du Dein Geld anlegen sollst? Welche Haltung in Dir wäre günstig?
- Wie ist es, wenn Du einen Bettler siehst oder Dir einfach eine Person auffällt und Du hättest den plötzlichen Impuls: Dieser Person würde ich gerne etwas geben.
- Wie ist es in Deinem Beruf? Vielleicht auch bei Tätigkeiten, die mit Geld zu tun haben? Was fällt Dir dabei ein? Würdest Du etwas verändern wollen in Dir, in Deiner Einstellung?
- Wie könnte es sein, wenn für Dich wichtige Entscheidungen anstehen? Welche Haltung hättest Du gerne?
- Wie könntest Du sein im Moment, da Dir eine schwierige Situation begegnet? Wie wäre Deine innere Haltung idealerweise?

Nun gehe, wenn Du möchtest noch über Deine aktuelle Lebens-Situation hinaus. Falls Du z.B. wenig Geld hast und wenig verdienst: Wie würdest Du gerne sein im Umgang mit Geld, wenn Du viel hättest? Wie wären Deine Frequenz, Deine Ausstrahlung, Dein Handeln?

Visualisiere Dich neu im Umgang mit Geld, insbesondere in Situationen, in denen es Dir besonders wichtig erscheint. Konzentriere Dich dabei auf die Haltung, die Du Dir von ganzem Herzen wünschst – und die Dich fördert im Umgang mit Geld.

Welche Haltung, welche Qualitäten möchtest Du im Umgang mit Geld für Dich erstellen? Probiere es für Dich aus:

- Freude? Lebendigkeit?
- Bescheidenheit?
- Klarheit? Fokus?
- Entspannung? Leichtigkeit?
- Achtsamkeit? Präsenz?
- Wertschätzung? Dankbarkeit?
- Begeisterung?
- Großzügigkeit?
- Vertrauen?

Was wäre vorstellbar? Was würde Dir gefallen?

Grundgefühl I [QR]

Grundgefühl II [QR]

Situationsgefühle [QR]

Träume

Gehe mit Deiner Aufmerksamkeit in den Körper. Spüre Deinen Körper – von den Füßen bis in den Kopf. Nimm jetzt, in der Mitte Deines Körpers, ein kraftvolles Licht wahr. Das Licht dehnt sich aus in den oberen Raum, in den Brustkorb – gleichzeitig nach unten bis in das Becken. Das Licht füllt schließlich Deinen ganzen Körper aus.

Nun stelle Dir vor: Du darfst träumen. Du darfst in Dir ein neues Bild von Reichtum, von Glückseligkeit erschaffen.

Die alten Bilder von Dir werden dadurch schrittweise überschrieben oder gelöscht. Stelle Dir nun vor, Du kreierst Dein Leben so, wie Du es möchtest. Du nimmst Dich wahr, bist innerlich so, wie Du es gerne hättest. Auch Deine Lebenssituation kannst Du in diesem Bild neu gestalten. Wie würdest Du Dich fühlen, wahrnehmen, wenn alles so ist, wie Du es Dir wünschst? Wie würdest Du sein?

Spüre, wie eine neue Lust, Lebendigkeit und Liebe sich ausdehnt in Deinem ganzen Körper. Ein neues Bild von dem, wie Du bist, entsteht.

Betrachte jetzt Deinen Beruf, Deine Arbeit. Hülle Deine aktuelle berufliche Situation oder Deinen Arbeitsplatz in ein weißes Licht ein.

Du kannst diese Situation gleich noch besser ausmalen und befriedigender für Dich gestalten.

Wenn Du schon weißt, dass bald ein Wechsel für Dich ansteht, so konzentriere Dich auf die neue Situation.

Und egal, was Du tust und Du bisher getan hast: Erträume Dir nun Deine ideale berufliche Situation. Es kann eine ganz neue oder auch eine nur leicht veränderte Situation sein.

Du musst keine Einzelheiten wissen, aber spüren, wie sich Deine Tätigkeit, Deine Situation für Dich neu anfühlt. Voller Freude? Inspiration? Voller Lebendigkeit?

Konzentriere Dich ganz auf diesen Traum.

Was tust Du darin beruflich? Und wie tust Du es?

Wozu fühlst Du Dich berufen? Wozu hast Du Lust, was möchtest Du jetzt tun?

Spüre weiter Deinen Körper. Sehe Dich in Deinem Bild in dem was Du tust – und in dem, wie Du bist. Sehe Dich dabei ganz im Licht. Es kann etwas neues sein, was Du tust. Es kann Deine jetzige Tätigkeit sein: Du erledigst die Dinge vielleicht in einer anderen Haltung oder auf eine andere Weise, erlebst dabei eine andere Lebensqualität. Es kann auch sein, dass Du noch nicht genau erkennen kannst, was es ist. Sehe und spüre Dich weiter in einem leuchtenden Bild: Wie Du bist, wie Du handelst, vielleicht wie Du kommunizierst. Vielleicht siehst Du Dich in einer bestimmten Umgebung, wie Du andere Menschen inspirierst oder wie andere Menschen Dich inspirieren.

Spüre, wie das Energieniveau Deines Körpers sich immer weiter hebt, wie das Licht in Deinem Körper stärker wird.

Lege Deine Hand, zumindest in Deiner Vorstellung, auf Dein Herz, und sei ganz aufrichtig:

Wenn Du es Dir frei wünschen könntest: Wie viel Geld möchtest Du gerne verdienen? Wie viel Geld möchtest Du gerne bekommen? Stelle es Dir vor, z.B. für einen typischen Monat.

Wofür würdest Du gerne Geld ausgeben können? Wofür genau? Was hat für Dich Priorität? Sieh Dich dabei immer weiter in dem leuchtenden Bild.

Wie viel Geld möchtest Du gerne investieren können pro Monat? Vielleicht in einen Beruf? In Deine Firma? In Aktien, Immobilien oder Edelmetalle? In persönliche Fähigkeiten, Kenntnisse, die Du

Dir aneignen möchtest? Wofür? In welcher Absicht? Sieh Dich dabei immer weiter in dem leuchtenden Bild.

Schaue nun auf Dein Konto und sieh in Deiner Vorstellung, wie die Summe, die Du pro Monat gerne verdienen würdest, plötzlich auf Deinem Kontoauszug erscheint. Welche Summe wäre dies? Sehe oder spüre Dich weiter in einem leuchtenden Bild, wie Du auf den Auszug schaust – und vielleicht staunst über die Summe, die Du vor Dir siehst.

Wie fühlt sich das für Dich an? Wäre das vorstellbar? Es geht nur darum, ob wir uns das vorstellen können, innerlich bereit dafür sind, uns öffnen für diese Möglichkeit.

Wenn Du möchtest, kannst Du die Summe jetzt auch verdoppeln.

Oder verdreifachen.

Kannst Du Dir das noch vorstellen? Welche Summe kannst Du Dir gerade noch vorstellen?

Nun frage Dich: Wie viel Geld möchtest Du haben, besitzen? Was wäre für Dich perfekt? Wie viel würdest Du Dir jetzt für Dich wünschen?

Stelle Dir vor, eine Wunsch-Fee käme und Du hättest einen Wunsch frei. Stelle Dir diese Summe genau vor, stelle Dir vor, wie sie auf Deinem Kontoauszug steht. Oder Du stellst Dir ein Schließfach vor, in dem Edelmetalle oder Diamanten in passender Menge lagern. Oder Du stellst Dir Bargeld vor, das vor Dir auf dem Tisch liegt. Oder Immobilien, wie Du an ihnen vorbei spazierst in einem Bild voller Licht.

Was siehst Du vor Dir? Was könntest Du Dir vorstellen? Was ist die Summe oder Menge, von der Du träumst? Was würde sich richtig gut für Dich anfühlen? Wie viel Geld oder Vermögen hättest Du gerne, wenn Du diesen Wunsch frei hast?

Spüre noch einmal das Licht in Deinem Körper. Sehe Dich noch einmal in einem leuchtende Bild – und spüre Dich in Deiner beruflichen Tätigkeit, so wie es perfekt für Dich ist.

Nimm Dich wahr mit Deinen Einnahmen – so wie Du sie Dir eben erträumt hast.

Nimm Dich wahr mit Deinem Geld oder Deinem Vermögen, so wie Du es Dir eben gewünscht hast.

Sei ganz still in Dir. Genieße noch einen Augenblick die Schwingung, in der Du bist.

Freiheit im Denken über Geld I

Wie denkst Du wirklich über Dein Geld? Denke einmal jetzt über das Geld nach, das Du in Deinem Portemonnaie hast und spüre, auf einer Skala von 1 – totale Resignation, tiefe „Depression“ – über 5 – Null Empfinden – bis 10 – spürbar Inspiration, Riesen-Freude oder Begeisterung.

Wie würdest Du jetzt Deine Gedanken an Dein Geld beschreiben? Stelle Dir Dein Geld jetzt bildlich in Deinem Portemonnaie vor, wie es darin liegt: Wie würdest Du diese Gedanken an das Geld nun zwischen 1 und 10 einordnen? Tue dies jetzt.

Freiheit im Denken über Geld II [QR]

Gedanken über das Geld anderer

Du hörst oder liest vielleicht, dass ein Schauspieler oder eine Schauspielerin ein paar Millionen Euro im Jahr verdient. Wie findest Du das?

Was fällt Dir spontan ein?

Gibt es Beispiele aus Deinem Leben?

Vielleicht ist es so, dass Dein Nachbar, ein Freund oder ein Kollege augenscheinlich viel mehr Geld hat als Du – oder viel weniger. Wie ist das für Dich?

Stell Dir vor, dass jemand, den Du kennst, eines Tages mit einem besonders großen und teuren Auto vorfährt. Und dass an seinem Haus oder in seiner Wohnung plötzlich aufwendige Renovierungsarbeiten durchgeführt werden.

Oder ein neuer Nachbar baut ein riesiges Haus, das größer ist als alles andere in der Umgebung.

Was sind Deine Gedanken hierzu? Was kommt in Dir hoch? Welche Automatismen, also „automatische Gedanken und Gefühle“, werden in Dir ausgelöst?

Ein Hedgefonds-Manager verdiente in einem Jahr über 100 Millionen Dollar. Wie findest Du das? Gönnst Du es ihm von Herzen? Siehst Du es als Lohn für seine Kreativität? Ist es Dir egal? Oder kommt ein leichter Ärger in Dir hoch, verknüpft mit passenden Gedanken: Wieso müssen die so viel verdienen? So toll kann eine Leistung ja gar nicht sein, dass man so viel damit verdient.

Oder bewertest Du es gar nicht und staunst vielleicht wie ein Kind vor einem großen Schokoladenkuchen: Was? So viel kann man in einem Jahr verdienen? Wow! Das ist enorm, toll!

Wie siehst Du Menschen, die nicht über eine solche Ausbildung verfügen wie Du? Oder die viel weniger verdienen als Du? Würdest Du sagen, sie sind genauso viel wert wie Du?

Oder kann es passieren, dass Du Dein Geld und Deinen Besitz als „Trophäe“ siehst? Oder Deinen beruflichen Werdegang? Fühlst Du Dich manchmal „besser“ als andere?

Welche Gedanken hast Du also über das Geld oder den Erfolg anderer? Kommt es vor, dass Du anderen etwas neidest, was sie haben und Du nicht?

Oder Dich heimlich freust, wenn ein bekannter früherer Tennisspieler alles verliert, was er einst hatte?

Wirkung negativer Nachrichten

Du kannst auch die folgenden Beispiele verwenden, die in der Reihenfolge weitgehend unverändert einer Onlinezeitung entnommen wurden: Halte nach jeder Überschrift kurz inne und überprüfe die Auswirkungen auf Dein System. Beobachte kurz die Wirkung der Sätze in Dir, aber gehe dem nicht weiter nach.

- Euro-Rettung: Griechenland soll ein neues Hilfspaket bekommen
- Slavery Footprint: Wie wir mit unserem Konsum Sklaverei unterstützen
- Radikalkur: Eon trennt sich von Atomkraftwerken, Gas und Kohle
- Rente mit 63: Immer mehr Hartz-IV-Empfänger zwangsverrentet
- Lufthansa-Piloten streiken von Montag bis Dienstag
- Prokon: Anleger verlieren die Hälfte ihres Kapitals
- Investruine: Spanien eröffnet schon wieder einen Geisterflughafen

Entschlossenheit

Du bist entschlossen, Deinen persönlichen Wohlstand zu erschaffen. Du kannst dies gleich jetzt tun – durch Erschaffung eines inneren Bildes. Es braucht somit keine Zeit, und es braucht keinen Plan, um inneren Wohlstand zu kreieren. Er ist da – selbst wenn noch nicht mehr auf dem Konto ist als zuvor.

Du hast in Deinem inneren Bild die Möglichkeit, ab heute im Wohlstand zu leben. Du weißt in dem Moment, wie es sich anfühlt und Du kannst es immer wieder herstellen.

Erschaffe Dir Bilder des Wohlstands. Je öfter Du es tust und in einem Bewusstsein von Wohlstand bist, umso mehr wird sich Dein inneres System daran gewöhnen. Es beginnt automatisch, sich auf ein neues Niveau von Wohlstand „einzuschwingen“.

Es braucht im Außen, also in der materiellen Umsetzung, meist eine gewisse Zeit, dass sich Deine aktuelle Situation verändert. Ist die Konzentration sehr hoch, können sich auch unmittelbar Veränderungen ergeben: In Form von Chancen, Begegnungen oder Geld.

Wohlstand I

Was genau bedeutet Wohlstand für Dich? Z.B. immer genügend Geld? In welchem Wohlstand möchtest Du am liebsten leben? Stelle Dir das so bildlich wie möglich vor. Visualisiere Deinen Wohlstand.

Wie siehst Du Dich darin? Wie nimmst Du Dich wahr? Kraftvoll? Erfüllt? Inspiriert? Lebendig? In Freude?

Wohlstand II

Sei bereit, dieses Bild von Wohlstand noch einen Moment in Dir aufrechtzuerhalten: Dein Bild von Wohlstand. Und die Konzentration auszudehnen, dabei weiter in diesem positiven Empfinden zu bleiben. Bist Du bereit dazu? Heute? Morgen? Jeden Tag?

Widerstand

Nimm Dir ein paar Minuten Zeit, um die nachfolgenden Fragen (einzeln) für Dich zu beantworten:

Wo leistest Du Widerstand?

Was ist so, „wie es nicht sein sollte"?

Bei Dir …

bei anderen …

in der Welt?

Worüber ärgerst Du Dich?

Was macht Dir Sorgen?

Was sind die Folgen für Dich, im Moment des Widerstandes?

Welche Auswirkungen könnte dies auf Dich haben?

Spüre, falls die eine oder andere Frage eine aufwühlende Wirkung in Dir hat. Nimm es zur Kenntnis: Erkenne die ausgelöste Frequenz in Dir, den Widerstand, aber gehe dem nicht weiter nach.

Freude

Spüre Dich, nimm Dich jetzt wahr in einer kraftvollen Haltung. Stelle Dir eine große Freude vor. Spüre sie in Deinem Herzen, merke, wie sie sich ausdehnt, zunächst bis in die Mitte Deines Körpers.

Von dort aus dehnt sie sich langsam bis in alle Körperteile aus. Es ist, als wenn Freude in jeder einzelnen Zelle existiert.

Innerer Wert

Lasse Folgendes auf Dich wirken:

Du könntest in der Wüste sein und den Sand um Dich herum übersehen. Der Sand ist erst da, wenn Du ihn bemerkst, wenn Du bereit bist, ihn in die Hände zu nehmen. Du kannst im Garten stehen und die Blumen um Dich herum übersehen. Die Blumen sind erst da, wenn Du sie beachtest und wertschätzt. Die Präsenz ist der entscheidende Aspekt hinter der Wertschätzung. Ohne Präsenz, ohne Ruhe, ohne ein Innehalten zeigt sich der wahre Wert nicht. Er ist dann wie hinter einem Vorhang verborgen. Der wahre Wert wird erst sichtbar, wenn Du Gott erkennst, in dem was ist.

Partnerschaft und Geld

Wie ist Deine Partnerschaft mit Geld? Wie würdest Du sie beschreiben?

Bist Du Deinem Geld ein guter Partner?

Ist Dein Geld Dir ein guter Partner?

Wie ist Euer Verhältnis zueinander? Ist es leicht und entspannt, liebe- und freudvoll? Oder spürst Du schon Probleme beim bloßen Gedanken an Geld, beginnst zu grübeln oder hast negative Gefühle und Ängste?

Entstehen Spannungen in Dir, wenn Du Dich mit Deinem oder dem gemeinsamen Geld beschäftigst?

Bist Du Dir ein guter Partner?

Kannst Du Dich auf Dich verlassen, auch durch dick und dünn mit Dir gehen?

Pflegst Du eine positive Kommunikation mit Dir selbst? Wie ist Dein innerer Dialog? Überwiegen noch Ärger, Selbstkritik und Zweifel? Nörgelst Du an Dir herum? Z.B. weil Du findest, Du müsstest Dinge besser machen, schneller und besser sein?

Wie ist Deine Partnerschaft mit Dir? Wie bist Du mit Dir selbst? Pflegst Du eine liebevolle Kommunikation mit Dir? Oder klagst Du Dich an? Jagst Du Dich?

Wenn Dir Ideen kommen, schreibe sie auf.

Wie könntest Du Dir selbst ein inspirierender Partner sein?

Erstelle nun für Dich eine Vision: Du bist Dir ein guter Partner. Jemand, der Dich 24 Stunden am Tag ermutigt, der Dich liebt, der in aufbauender, positiver Weise mit Dir kommuniziert.

Wie würde sich das anfühlen? Kannst Du Dir das vorstellen? Kannst Du das Bild für Dich erstellen? Tue es jetzt …

Wie könntest Du in einer guten Partnerschaft mit Deinem Geld sein? Wie würde sich das anfühlen?

Wie würdest Du eine inspirierende Partnerschaft mit Deinem Geld erleben?

Ziele und Wünsche

Was für ein Ziel hast Du, was für einen Wunsch? Was würde Dich wirklich inspirieren? Hat dies mit Geld zu tun? Egal was es ist: Was würdest Du anders haben wollen oder neu gestalten wollen? Was wäre das Ergebnis? Wie würde es sich für Dich anfühlen, wenn das Ziel oder der Wunsch erreicht ist?

Gibt es etwas, das Dir noch wichtiger ist im Leben als der Wunsch, den Du eben formuliert hast? Was wäre es?

Ein Wunsch aus dem Bereich der persönlichen Entwicklung? Des Körpers und der Gesundheit? Der Partnerschaft oder des Berufs?

Entscheide Dich nun für einen Wunsch, etwas, das Dich wirklich inspiriert. Wichtig ist dabei, dass es Dir am Herzen liegt.

Gehe die folgenden Schritte durch. Nimm Dir die Zeit, die Du brauchst:

1. Mache es konkret: Schreibe Deinen Wunsch auf, so genau wie möglich. Was genau wünschst Du Dir? Wie soll es für Dich sein?

2. Visualisiere das Ergebnis: Stelle es Dir vor – so konkret wie möglich: Wie ist es, wenn Du alles erreicht hast, was Du Dir gewünscht hast? Wie fühlt sich das an? Versuche dabei, wenig zu denken, sondern nimm Dich wahr in der Seins-Qualität.

3. Überprüfe Deinen Wunsch: Checke nun, ob der Wunsch sich wahrhaftig anfühlt. Ob er Dich wirklich inspiriert. Du spürst dann, es ist stimmig – wie wenn Puzzleteile ineinander pas-

sen. Der Wunsch würde sich zärtlich in Dir bejahen: „Ja! Genau das möchte ich für mich und mein Leben kreieren.“ Etwas in Dir weiß in diesem Moment der Tiefe und der Stille, das Dein Wunsch sich wirklich erfüllen wird – genau in der Form, die für Dich richtig ist.

4. Schaue nach einem Impuls: Gibt es etwas, das Du nun konkret tun könntest? Gibt es etwas, das Du nun lassen solltest? Kommt Dir eine Idee? Gehe dem jetzt nicht weiter nach. Bleibe mit der Konzentration bei Dir, bei Deinem Bild, bei Deiner Vision.

Money Creation [QR]

Nachwort

Ich muss sagen, das Buch, mit dem ich mich schon in der ersten Fassung intensiv befassen durfte, hat für mich, natürlich immer im Zusammenspiel mit anderen Faktoren, ein neues Universum eröffnet.

Es hat nicht nur praktische Fortschritte im Bereich der materiellen Erschaffung gebracht. Es hat auch dazu beigetragen, innere Haltungen komplett zu hinterfragen – und diese positiv zu verändern.

Die Übungen sind sehr hilfreich: Insbesondere konnte ich über die Technik des In-Sich-Hineinhorchens ein freieres Gefühl dazu entwickeln, was mir etwas „wert" ist. Mit dem Lesen des Buches gelang es noch besser, meinen eigenen „Marktwert" in eine gesunde Balance zu meinem Gefühl zu bringen.

Jeder hat natürlich ganz andere finanzielle „Themen" und Herausforderungen zu bewältigen. Mir ist dabei noch mehr bewusst geworden, welch starke Auswirkungen gesellschaftliche Meinungen auf uns haben. Nicht nur in der Kunst geht es heutzutage viel um Geld und persönliche Anerkennung. Und es geht um Wertschätzung – zu sich selbst, zu anderen, aber auch gegenüber Geld und der Materie.

Es ist ein Buch für mutige Menschen – die der Sinnfrage nicht aus dem Wege gehen, die aber gleichzeitig ganz praktische Antworten für Ihren Alltag suchen. Es ist gleichsam ein Buch für Menschen mit viel Geld und für Menschen mit wenig Geld, ein Buch für Privatpersonen wie für Selbständige – aber auch ein Buch, das Grundlage für die Aus- und Weiterbildung in Unternehmen wie in Bildungseinrichtungen sein könnte.

Ich habe mich manchmal gefragt, wie ein Buch so viel anschieben kann, so viele Impulse setzen kann. Und vielleicht ist es das auch deshalb, weil es letztlich um mehr geht als um Geld und Finanzen. Das Konzept ist in allen Lebensbereichen anwendbar. Es geht um die Absicht zu leben, um den Kern der eigenen Kreativität.

Felix Hermann Stumpf, Berlin im November 2018

Anhang

Verzeichnis wichtiger Medien

- Yashi Kunz (2015): CD „Licht“; Lightball Media Verlag, Berlin (für Fortgeschrittene)
- Ralf Domrös (2018): CD „Die Reise zum Mittelpunkt der Erde. Der souveräne Weg zu gesunden Finanzen“; Verlag VCB, Berlin (zur Unterstützung des Umgangs mit Geld und die Erreichung eigener Ziele und Wünsche)
- Yashi Kunz und Gordon Müller-Eschenbach (2008): Phänomen Heilung; Lightball Media Verlag, Berlin

Kurzbiografie

Ralf Domrös studierte Wirtschaftsingenieurwesen an der TU Berlin und Unternehmensführung in Frankreich. Er begann seinen beruflichen Weg 1992 in der wissenschaftlichen Politikberatung – im Referat „Grundsatzfragen“ in Europas größter Umweltagentur. Nach der Bestellung zum Pressesprecher wurde er 1997 zum Leiter der Planung und Organisation ernannt. Er führte mit seinem Team eine Reihe umfangreicher Reorganisationsprozesse durch – und wurde dabei vom Umweltökonomen zum Verhaltensökonomen.

Im Frühjahr 2000 kündigte er seinen Job als leitender Beamter auf Lebenszeit und machte sich im Bereich Unternehmens- und Finanzplanungen selbständig. Außerdem führte er Coachings für Gründer und Führungskräfte durch.

Seit insgesamt 25 Jahren berät Ralf Domrös internationale Institutionen, Unternehmen und Privatpersonen. Die Quintessenz seiner Erfahrungen vermittelt er in Vorträgen und Seminaren.

Endnoten

(siehe anschließende Seite)

i Als gesetzliches Zahlungsmittel bezeichnet man das Zahlungsmittel, das niemand zur Erfüllung einer Geldforderung ablehnen kann, ohne rechtliche Nachteile zu erleiden. Im Euroraum ist Euro-Bargeld das gesetzliche Zahlungsmittel; nur die Zentralbanken des Eurosystems dürfen es in Umlauf bringen. In Deutschland sind auf Euro lautende Banknoten das einzige unbeschränkte gesetzliche Zahlungsmittel. Euro-Münzen sind beschränkte gesetzliche Zahlungsmittel, da niemand verpflichtet ist, mehr als 50 Münzen oder Münzen im Wert von über 200 Euro anzunehmen. Quelle: Geld und Geldpolitik, Veröffentlichung der Deutschen Bundesbank 2015, S. 56

ii Buchgeld ist, als Forderung auf Bargeld, ein Zahlungsmittel, das im Bankwesen durch Übertragung von Girokonto zu Girokonto mittels Buchungen genutzt werden kann. Als volkswirtschaftliches Aggregat wird es dem Bargeld gegenübergestellt. Quelle: Wikipedia.

iii Allein das Vorhandensein von Bargeld schränkt die Möglichkeiten des Staates oder der Notenbanken ein, eigenmächtige Veränderungen am Buchgeld durchzuführen, etwa durch allzu negative Zinsen oder andere Maßnahmen. Bargeld, solange es existiert, ist immer eine Ausweichoption für jeden einzelnen. Dadurch schützt es das Buchgeld vor weitgehenden Eingriffen, die sonst leicht möglich wären.

iv Die Zins-Einnahmen sind Ende 2016 in vielen Fällen geringer als die Konto-Gebühren. Hinzu kommt: Jemand, der Anfang eines Jahres über 100.000 € auf dem Tagesgeldkonto verfügte, hat bei 0,2 % Zinsen nach einem Jahr 100.200 € (bei 0,02 % Zins sind es 100.020 €). Das klingt nach Wertzuwachs. Doch im Falle einer offiziellen Teuerung von z.B. 1,7 % kann man dafür nur noch Waren in Höhe von rund 98.500 € kaufen. Die 100.200 auf dem Kontoauszug sind in gewisser Weise eine optische Täuschung. Tatsächlich ist die Kaufkraft unseres Geldes geschrumpft.

v Der Preis bewegt sich, weil er sich bewegt. Die nachgeschobenen Erklärungen sind reine Mutmaßungen, keineswegs die Ursache für die Preisänderung! In vielen Fällen, etwa bei physischen Rohstoffen oder Edelmetallen, hängen (teils heftige) Schwankungen ohnehin mehr mit Positionierungen an den Futures-Märkten zusammen und nicht etwa mit Angebot und Nachfrage des physischen Rohstoffs.

vi Flow (englisch „Fließen, Rinnen, Strömen“) bezeichnet das als beglückend erlebte Gefühl eines mentalen Zustandes völliger Vertiefung (Konzentration) und restlosen Aufgehens in einer Tätigkeit („Absorption“), die wie von selbst vor sich geht – auf Deutsch in etwa Schaffens- bzw. Tätigkeitsrausch. Der Glücksforscher Mihály Csíkszentmihályi gilt als Schöpfer der Flow-Theorie, die er aus der Beobachtung verschiedener Lebensbereiche, u. a. von Chirurgen und Extremsportlern, entwickelte und in zahlreichen Beiträgen veröffentlichte.

Seminare und Coachings des Autors finden Sie auf
www.ralfdomroes.com